UGCAD 三维建模项目教程

主　编　李东明
副主编　骆李莉　彭　云　郑　正　周红飞
参　编　李建国　吴志慧　祝　福　陈喜春
　　　　周禄康　谢婷婷　王　丹　江　念
主　审　赵　勇

重庆大学出版社

图书在版编目(CIP)数据

UGCAD 三维建模项目教程/李东明主编.—重庆:
重庆大学出版社,2013.10(2022.1 重印)
ISBN 978-7-5624-7725-9

Ⅰ.①U… Ⅱ.①李… Ⅲ.①计算机辅助设计—应用
软件—教材 Ⅳ.①TP391.72

中国版本图书馆 CIP 数据核字(2013)第 214971 号

UGCAD 三维建模项目教程

主 编 李东明
副主编 骆李莉 彭 云
郑 正 周红飞
策划编辑:曾令维

责任编辑:文 鹏 版式设计:曾令维
责任校对:陈 力 责任印制:张 策

*

重庆大学出版社出版发行
出版人:饶帮华
社址:重庆市沙坪坝区大学城西路 21 号
邮编:401331
电话:(023) 88617190 88617185(中小学)
传真:(023) 88617186 88617166
网址:http://www.cqup.com.cn
邮箱:fxk@ cqup.com.cn(营销中心)
全国新华书店经销
POD:重庆新生代彩印技术有限公司

*

开本:787mm×1092mm 1/16 印张:18.5 字数:462 千
2013 年 10 月第 1 版 2022 年 1 月第 3 次印刷
ISBN 978-7-5624-7725-9 定价:49.80 元

前言

本书是中等职业学校机械加工类（模具、数控、机电、机械制造等）专业的一门专业课程。通过本项目教程的训练，学生对零件立体模型的建模及设计过程有全面的了解，掌握 UG 软件的建模功能及使用方法，为以后在工厂实践中应用三维 CAD 软件进行机械产品的设计打下扎实的基础。本教程的主要任务是使学生通过具体的建模实例掌握一般机械零部件的建模流程和技能；掌握草图、曲线、特征、特征操作、同步建模、曲面、编辑曲面、装配、爆炸图、工程图设计等功能指令的用法；能运用 UG 软件绘制轴类零件、盘套类零件、箱体类零件、常用标准件、工业造型类零件；能把一般机械类零件生成符合国家标准的工程图样；培养严谨、认真的工作态度和作风。

本书遵循"以能力为本位，以学生为中心，以行业需求为导向"的原则，以适应加工制造行业对人才培养的需求，突出动手能力，着力打造符合职业教育规律和职业学校学生学习特点的精品教程。

本书的内容以"实用为上，够用为度，密切联系工程实际"为原则。在内容编排上，由简到难循序渐进，文字阐述通俗简洁，并辅以大量的表现设计过程、步骤的图形和图表，使建模过程直观、形象，重点突出功能的运用而不是功能的罗列。

本书全部教学活动都是以"学生的绘图成长过程为线索"。教师应根据各项目的不同内容，注重"教""学"互动，不断进行信息反馈，提高学生的参与程度，尽量让学生多动手、动口、动脑，愉快地掌握专业知识，提高建模能力。

对"教"与"学"的质量评估，每个项目后都有专门的栏目，结合"课堂问答""项目练习""课堂态度"等项目鉴定学生的学习效果，以此评估教学质量，并不断总结经验，改进教学方法，提高教学水平。

本书分 8 个项目，共 32 个任务，由李东明担任主编，赵勇担任主审，其中项目一、项目二中的任务一、任务二、项目三由骆李莉编写；项目四的任务三、任务四，项目五，项目六的任务一，项目八由李东明编写；项目七由郑正编写；项目四的任务一由李建国编写；项目二中的任务三由祝福编写；项目四中的任务二由吴志惠编写;项目六中的任务二由彭云编写;项目四中的任务五由周红飞编写;习题图由江念、谢婷婷、陈喜春绘制;由周禄康、王丹进行图纸和技术要求校核。本书特邀两位行业资深技术人士彭云和周红飞参加编写,突出了本书的实用性和专业特点。

本书可作为中等职业学校机械加工技术专业教材,也可作为机械加工及模具行业从业人员的培训教材。

由于时间仓促,编者水平有限,书中缺点和讹误在所难免,恳请广大专家和读者批评指正,以利于我们再版时修正和改进。读者的建议和问题可发送至邮箱 936471453@ qq. com。

编 者

2013 年 6 月

目录

项目一　草图绘制 ··· 1
任务一　定位板草图绘制 ·· 1
任务二　卡槽草图绘制 ··· 10
学习方法 ··· 16
知识扩展 ··· 16
习题 ··· 17
项目成绩鉴定办法及评分标准 ··································· 18
本项目学习信息反馈表 ·· 19

项目二　曲线绘制 ··· 20
任务一　V形杆曲线绘制 ·· 20
任务二　连杆曲线绘制 ··· 28
任务三　空间曲线绘制 ··· 32
学习方法 ··· 41
知识扩展 ··· 41
习题 ··· 42
项目成绩鉴定办法及评分标准 ··································· 44
本项目学习信息反馈表 ·· 45

项目三　实体建模 ··· 46
任务一　铣削零件实体建模 ······································· 46
任务二　汽车零件实体建模 ······································· 51
任务三　轴类零件实体建模 ······································· 58
任务四　盘套类零件实体建模 ···································· 64
任务五　箱体类零件实体建模 ···································· 71
任务六　玩具飞机实体建模 ······································· 80
任务七　洗发水瓶瓶嘴实体建模 ································· 84
任务八　鼠标壳实体建模 ·· 93
学习方法 ··· 100

知识扩展 ……………………………………………………… 100

习题 ………………………………………………………… 103

项目成绩鉴定办法及评分标准 ……………………………… 110

本项目学习信息反馈表 ……………………………………… 111

项目四　标准件建模 ……………………………………… 112

任务一　螺母、螺栓建模 …………………………………… 112

任务二　弹簧建模 …………………………………………… 118

任务三　齿轮建模 …………………………………………… 120

任务四　轴承建模 …………………………………………… 127

任务五　部件族建模 ………………………………………… 130

学习方法 …………………………………………………… 134

习题 ………………………………………………………… 135

项目成绩鉴定办法及评分标准 ……………………………… 137

本项目学习信息反馈表 ……………………………………… 138

项目五　曲面建模 ………………………………………… 139

任务一　茶杯盖子建模 ……………………………………… 139

任务二　漏斗建模 …………………………………………… 146

任务三　吹风口建模 ………………………………………… 151

任务四　瓜皮帽建模 ………………………………………… 156

任务五　风扇建模 …………………………………………… 160

任务六　曲线槽建模 ………………………………………… 165

任务七　饮料瓶建模 ………………………………………… 168

任务八　盘子建模 …………………………………………… 181

任务九　相机外壳建模 ……………………………………… 189

学习方法 …………………………………………………… 197

知识扩展 …………………………………………………… 198

习题 ………………………………………………………… 200

项目成绩鉴定办法及评分标准 ……………………………… 203

本项目学习信息反馈表 ……………………………………… 204

项目六　建模综合应用 …………………………………… 205

任务一　流量管建模 ………………………………………… 205

任务二　压盘建模 …………………………………………… 224

学习方法 …………………………………………………… 237

知识扩展 …………………………………………………… 238

习题 …………………………………………………… 242
项目成绩鉴定办法及评分标准 …………………… 243
本项目学习信息反馈表 …………………………… 243

项目七　装配 …………………………………… 244
任务一　万向轮装配 ……………………………… 244
任务二　顶尖爆炸图 ……………………………… 253
学习方法 …………………………………………… 258
习题 ………………………………………………… 259
项目成绩鉴定办法及评分标准 …………………… 266
本项目学习信息反馈表 …………………………… 266

项目八　工程图设计 …………………………… 267
任务　零件的工程图 ……………………………… 267
学习方法 …………………………………………… 282
知识扩展 …………………………………………… 282
习题 ………………………………………………… 283
项目成绩鉴定办法及评分标准 …………………… 284
本项目学习信息反馈表 …………………………… 285

参考文献 ………………………………………… 286

项目一
草图绘制

❀❀❀❀❀❀❀❀❀❀❀❀❀❀❀❀❀❀❀❀❀❀❀❀❀❀❀❀❀❀❀❀❀❀❀❀❀❀

【项目简述】

UG 草图是与实体模型相关联的二维图形,一般作为三维实体建模的基础。草图功能可以在三维空间的任何一个平面内建立,并在该平面上进行曲线绘制。

草图功能操作方便,可以通过配置文件、直线、圆弧、圆、矩形、点、艺术样条、椭圆、二次曲线、圆角、快速修剪、快速延伸、制作拐角等功能来进行图形绘制。草图中还提出了"约束"的概念,可以通过尺寸约束与几何约束控制草图中的图形,实现与特征建模模块同样的尺寸驱动,可以方便地实现参数化建模。应用草图工具,绘制近似的曲线轮廓,然后利用精确的约束进行定义,从而完整地表达设计的意图。

【能力目标】

通过本项目具体的项目课题练习,掌握 UG 的草图绘制功能中的配置文件、直线、圆弧、圆、矩形、点、椭圆、圆角、快速修剪、快速延伸、制作拐角等指令。能够运用尺寸约束与几何约束完整地表达二维图形的意图,准确地进行二维草图的绘制。

【任务一】 定位板草图绘制

【任务描述】

通过本任务的练习,掌握草绘的平面选择、基本曲线绘制、自动尺寸判断、位置约束、曲线编辑等功能,练习 UG 参数化曲线的绘图能力。图 1.1 所示为定位板工程图。

【活动一】 定位板草图绘制

(1)单击"开始"—"程序"—"UGS NX 6.0"—"NX 6.0"进入 UGS 初始界面。单击"文件"—"新建"(快捷键 Ctrl + N)或者单击按钮,在"名称"对话框中输入"dingweiban",单位为毫米,选择"模型"模板,单击"确定"进入 UGS NX6.0 建模模块界面,如图 1.2 所示。

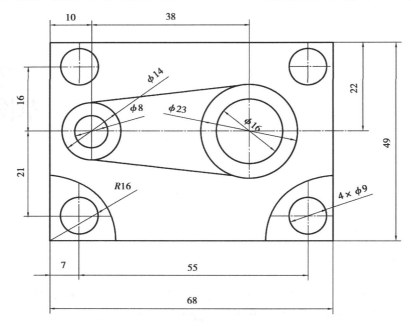

图 1.1　定位板

图 1.2　创建文件

　　(2)单击"插入"—"草图"或者单击"草图"工具按钮🏕进入创建草绘界面,"平面选项"选为创建平面,选择 XC-YC 平面,进入草图界面。图 1.3 所示为草图平面的设置。

　　(3)运用草图功能绘制矩形如图 1.4 所示草图。单击草图工具中的"矩形"按钮▭,选择坐标系原点为矩形左下角角点,移动鼠标,选择右上角角点并单击屏幕右上方空白处,产生矩形。单击"自动判断尺寸"按钮🗡,选择矩形水平边线,输入"68",回车。选择矩形垂直边线,输入"49",回车。从而得到约束矩形的长为68、宽为49,如图1.4所示。

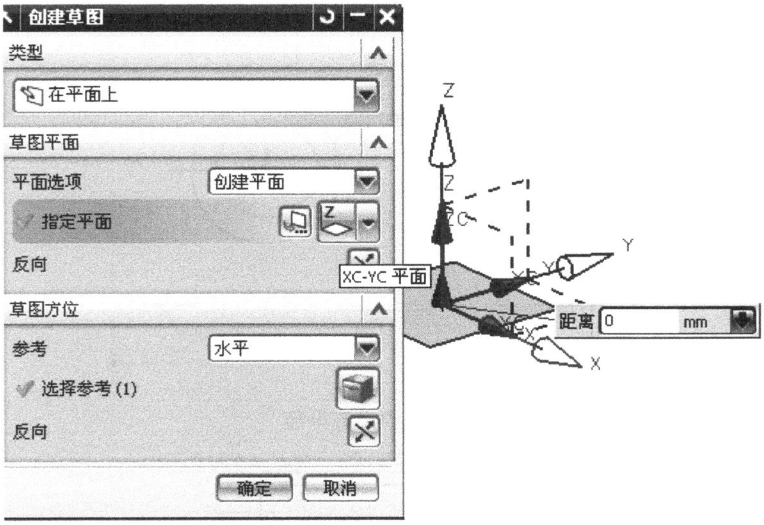

图1.3　草图平面设置

（4）单击草图功能中的"圆"按钮○,选择默认"圆心和直径定圆"方式,绘制如图1.5所示的8个圆形。

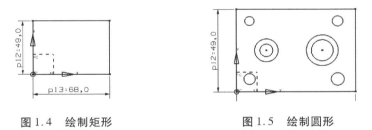

图1.4　绘制矩形　　　　　　　图1.5　绘制圆形

（5）单击"约束"按钮⊿,选择如图1.6所示圆形,选择"同心"按钮◎,单击"确定"。重复选择左侧两个圆,约束为同心。

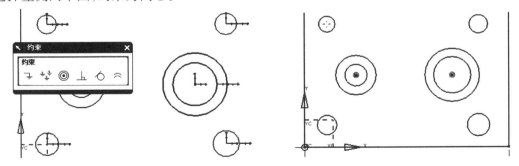

图1.6　约束同心

（6）单击"约束"按钮⊿,选择如图1.7所示角落上的四个圆形,单击"等半径"按钮⌒。

（7）单击"自动判断尺寸"按钮,选择圆心与圆心,水平距离为55,垂直距离为37,右侧圆心距离右边线6,距离底边线6,如图1.8所示。

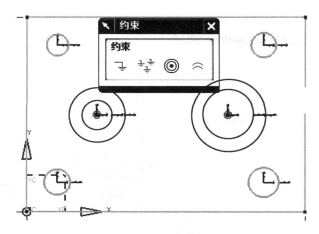

图1.7　约束等半径

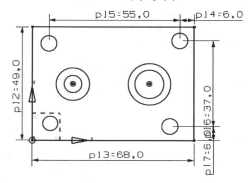

图1.8　约束圆心位置尺寸

（8）单击"自动判断尺寸"按钮 ，选择绘制的圆形，设置圆的直径，如图1.9所示。

（9）单击"直线"按钮 ，选择默认坐标方式，绘制如图1.10所示两条直线。单击"约束"按钮 ，选择圆和直线，"约束"为相切 。

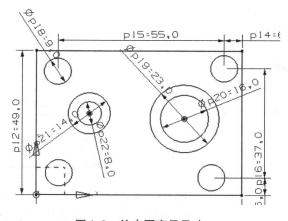

图1.9　约束圆直径尺寸

（10）单击"自动判断尺寸"按钮 ，选择如图1.11所示两组同心圆形，设置圆的位置尺寸。

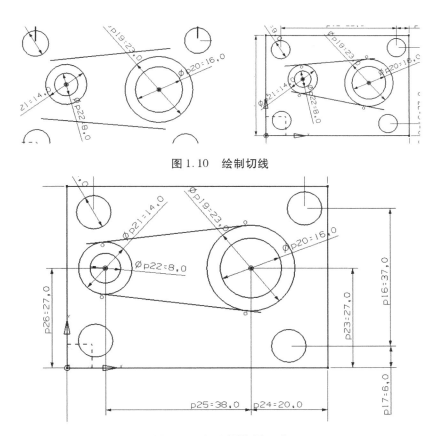

图 1.10 绘制切线

图 1.11 同心圆位置尺寸

（11）单击"快速修剪"按钮 ，选择如图 1.12（a）所示相交后多余的线段。单击"快速延伸" ，选择如图 1.12（b）所示线段。

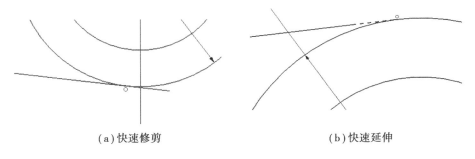

（a）快速修剪　　　　　　　　　　　　（b）快速延伸

图 1.12

（12）单击"圆弧"按钮 ，绘制如图 1.13 所示图形，单击"约束"按钮 ，选择圆心与 Y 轴"共线" ，圆心与 X 轴共线。重复操作，约束右侧圆弧与矩形右边线共线，与矩形底边线共线。约束两段圆弧等半径。单击"快速修剪"按钮 ，选择相交后多余的圆弧。单击"快速延伸"按钮 ，选择需延长的圆弧。

（13）草图绘制完成，如图 1.14 所示，单击"完成草图"按钮 ，退出草图绘制，返回实体建模空间。

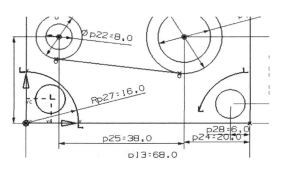

图 1.13　绘制圆弧

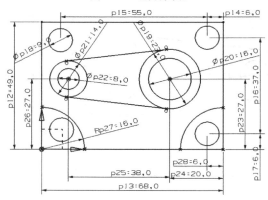

图 1.14　完成草图绘制

【活动二】　本活动所涉及的主要建模指令

1. "草图"

草图类型分为"在平面上"和"在轨迹上",如图 1.15 所示。"在平面上",是指用现有平面和创建平面的方法来选择草图绘制平面。"在轨迹上",是指选择已有的曲线轨迹作为构建草图平面的依据来构建草图平面。

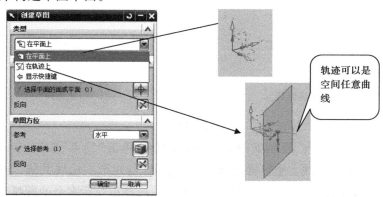

图 1.15　创建草图类型

"草图平面"是用于草图创建、约束和定位、编辑等操作的平面,是创建草图的基础。"草图平面"可以选择实体或者曲面的已有平面,或用"构建平面"的方法来创建草图平面,如图1.16所示。

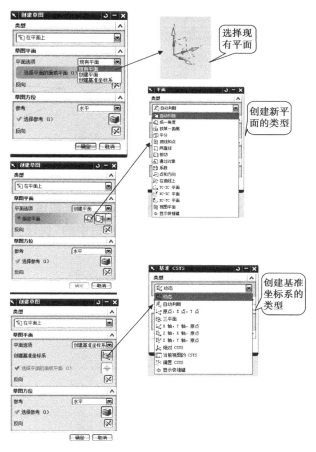

图1.16 创建草图工作平面

2. 基本几何体绘制

基本几何体包括直线、圆弧、圆。这些几何体都具有比较简单的特征形状,通常利用几个简单的参数便可以创建,如图1.17、图1.18、图1.19所示。

图1.17 直线   图1.18 圆弧   图1.19 圆

3. "快速修剪"

该选项用于修剪草图对象中由交点确定的最小单位的曲线。可以通过单击鼠标左键并进行拖动的方式来修剪多条曲线,也可以通过将光标移到要修剪的曲线上的方式来预览将要修剪的曲线部分。单击"草图曲线"工具栏中的"快速修剪"按钮 ,进入"快速修剪"对话框,如图1.20所示。

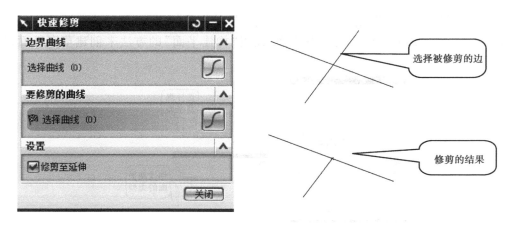

图 1.20　快速修剪对话框

4. "快速延伸"

使用该选项可以将曲线延伸到它与另一条曲线的实际交点或虚拟交点处。要延伸多条曲线,只需将光标拖到目标曲线上。单击"草图曲线"工具栏中的"快速延伸"按钮,进入"快速延伸"对话框,如图 1.21 所示。

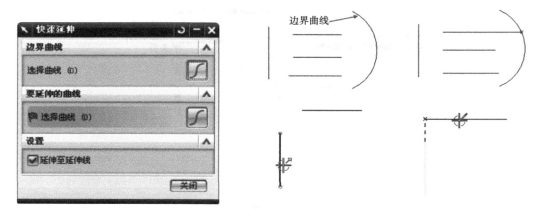

图 1.21　快速延伸对话框

5. 尺寸约束

尺寸约束用于控制一个草图对象的尺寸或两个对象间的关系,相当于对草图对象的尺寸进行标注。与尺寸标注的不同之处在于尺寸约束可以驱动草图对象的尺寸,即根据给定尺寸驱动、限制和约束草图对象的形状和大小。

执行"插入"—"尺寸"—" 自动判断(I)"命令(或单击"草图约束"工具栏中的"自动判断的尺寸"按钮),弹出"尺寸"工具栏,如图 1.22 所示。弹出的"尺寸"对话框,如图 1.23 所示。其他尺寸约束如图 1.24 至图 1.27 所示。

图 1.22　尺寸约束类型

图 1.23　尺寸对话框

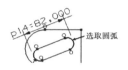

图 1.24　平行约束

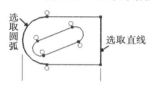

图 1.25　垂直约束

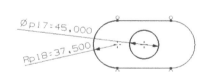

图 1.26　直径约束和半径约束

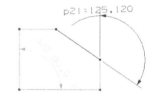

图 1.27　角度约束

6. 几何约束

几何约束用于定位草图对象和确定草图对象之间的相互几何关系,有"约束"和"自动约束"两种方法。单击"草图约束"工具栏中的"约束"按钮，此时选取视图区需创建几何约束的对象后,即可进行有关的几何约束。

在 UG 中,系统提供了 20 种类型的几何约束。根据不同的草图对象,可添加不同的几何约束类型,如图 1.28 所示。

7. "显示/删除约束"

该选项用于查看草图几何对象的约束类型和约束信息,也可以完全删除对草图对象的几何约束限制。单击"草图约束"对话框中的"显示/删除约束"按钮，进入"显示/删除约束"对话框,如图 1.29 所示。

图 1.28 自动约束对话框

图 1.29 显示/删除约束对话框

【任务二】 卡槽草图绘制

【任务描述】

通过本任务的练习,掌握草图绘制中配置文件、镜像、偏置、转换至/自参考对象等草图绘图功能的绘图方法,提高运用 UG 草图功能绘制零件二维曲线的工作效率。图 1.30 所示为卡槽零件图。

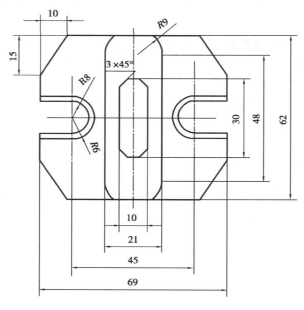

图 1.30 卡槽零件图

【活动一】　卡槽绘制

（1）单击"开始"—"程序"—"UGS NX 6.0-NX 6.0"进入 UGS 初始界面。单击"文件"—"新建"（快捷键 Ctrl + N）或者单击按钮 🗋 ，在"名称"对话框中输入"kacao"，单位为毫米，选择模型模板，单击"确定"进入 UGS NX6.0 建模模块界面。

（2）单击"插入-草图"或者单击工具按钮 🖼 进入创建草绘界面，"平面"选项选为创建平面，选择 XC-YC 平面，进入草图界面，如图 1.31 所示。

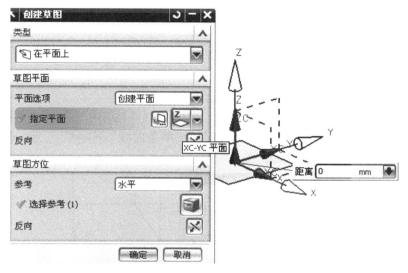

图 1.31　创建草图

（3）运用默认"配置文件"按钮 🔽 功能中的直线，绘制如图 1.32 所示图形。单击"转换至/自参考对象" 🖳 ，选择直线，单击"确定"。单击约束按钮 🔼 ，选择"共线"按钮 \\ ，约束直线与 Y 轴共线。

（4）运用默认"配置文件"按钮 🔽 功能中的直线及圆弧，绘制如图 1.33 所示图形。

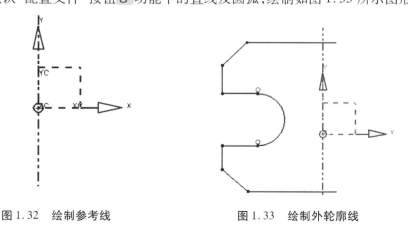

图 1.32　绘制参考线　　　　　　　图 1.33　绘制外轮廓线

（5）运用几何约束与尺寸约束，对轮廓线进行约束，如图 1.34 所示。

（6）单击"快速修剪"按钮 🗡 ，将超过参考线的直线部分修剪，结果如图 1.35 所示。

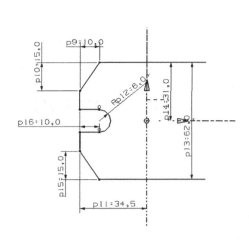

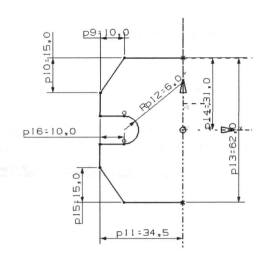

图 1.34　约束轮廓尺寸

图 1.35　修剪线段

（7）单击"偏置曲线"按钮 ，将曲线规则改为"单条曲线" 单条曲线 ，选择如图 1.36 所示线段，设置"偏置"距离为 2，单击"确定"。

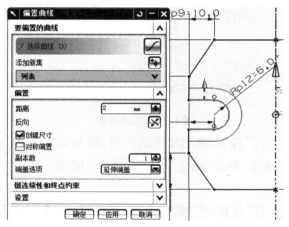

图 1.36　偏置曲线

（8）单击"镜像曲线"按钮 ，选择垂直参考线为中心线，选择所绘制轮廓线为要镜像的曲线，在如图 1.37 所示镜像曲线对话框中单击"确定"，得到如图 1.38 所示图形。

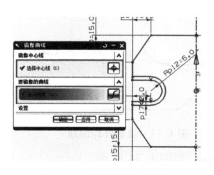

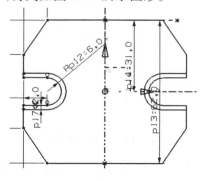

图 1.37　镜像曲线对话框

图 1.38　镜像曲线结果

（9）单击"配置文件"按钮 ⤴，绘制如图1.39所示直线与圆弧，单击"自动判断尺寸"按钮 ⤢，对直线进行尺寸约束。单击"约束"按钮 ⤡，约束圆弧与外轮廓水平直线相切。

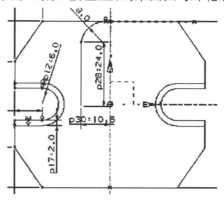

图1.39　绘制中间轮廓线段

（10）单击"镜像曲线"按钮 ⊞，选择垂直参考线轴为中心线，选择前一步骤所绘制图形为要镜像的曲线，单击"确定"，得到如图1.40所示图形。

（11）运用"直线"功能，绘制水平线，约束与X轴共线，并转换至参考线。

（12）单击"镜像曲线"按钮 ⊞，选择水平参考线为中心线，选择前一步骤绘制图形为要镜像的曲线，单击"确定"，得到如图1.41所示图形。

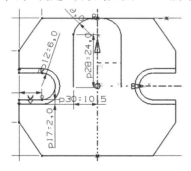
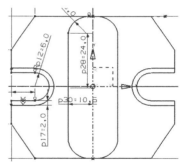

图1.40　左右镜像　　　　　　　　　　图1.41　上下镜像

（13）运用"直线"指令，绘制如图1.42所示线段，并进行尺寸约束。

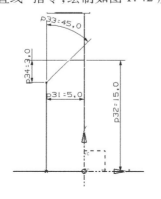
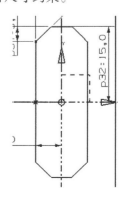

图1.42　绘制内部轮廓线段　　　　　图1.43　镜像结果

（14）单击"镜像曲线"按钮，选择垂直参考线轴为中心线，选择前一步骤所绘制图形为要镜像的曲线，单击"确定"。重复操作，选择水平参考线为中心线，进行镜像操作，得到如图1.43所示图形。

（15）卡槽零件草图绘制完成，如图1.44所示。

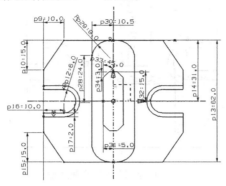

图1.44　卡槽零件草图完成图

【活动二】　本活动所涉及的主要建模指令

1."配置文件"

该选项用于创建单一或连续的直线或圆弧。基本参数和草图工作平面设置完成后，单击图1.31所示"创建草图"对话框中的"确定"按钮，进入草图环境。点击配置文件按钮，弹出"配置文件"对话框，同时在绘图区显示光标位置信息，如图1.45所示。

图1.45　配置文件对话框

2."转换至/自参考对象"

该选项是指将草图中的曲线或尺寸转换为参考对象，也可以将参考对象转换为正常的曲线或尺寸。有时在为草图对象添加几何约束和尺寸约束的过程中，有些草图对象和尺寸可能会引起约束冲突，此时可以使用该选项来解决问题。单击"草图约束"工具栏中的"转换至/自参考对象"按钮，进入"转换至/自参考对象"对话框，如图1.46所示。

图1.46　转换至/自参考对象对话框

3. "镜像曲线"

"镜像曲线"是指以指定的一条直线为对称中心线,将草图几何对象镜像复制成新的草图对象。镜像的对象与原对象形成一个整体,并且保持相关性。在"草图"工作界面下,执行"插入"—"镜像曲线"命令(或单击"草图操作"工具栏中的"镜像曲线"按钮),进入"镜像曲线"对话框,如图1.47所示。用户可以在绘图工作区选择镜像中心线和需镜像的草图对象,此时所选的镜像中心线变为参考对象并显示成浅色。单击"确定"按钮,则系统会将所选的草图几何对象按指定的镜像中心线进行镜像复制,如图1.48所示。

图1.47　镜像曲线对话框

图1.48　镜像曲线

4. "偏置曲线"

"偏置曲线"是指对草图平面内的曲线或曲线链进行偏置,并对偏置生成的曲线与原曲线进行约束。偏置曲线与原曲线具有关联性,即对原曲线进行编辑修改,所偏置的曲线也会自动更新。在"草图"工作界面下,执行"插入"—"偏置曲线"命令(或单击"草图操作"工具栏中"偏置曲线"按钮),进入"偏置曲线"对话框,如图1.49所示。利用该对话框,用户可以在"距离"文本框内设置偏置的距离。然后单击需偏置的曲线,系统会自动预览偏置结果,如图1.50所示。如有必要,单击"反向"按钮,可以使偏置方向反向。

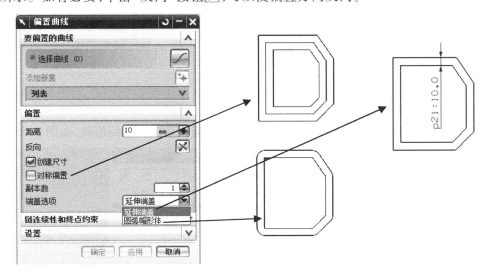

图1.49　偏置曲线对话框

图1.50　偏置曲线

学习方法

(1)重点掌握草图功能的各个几何工具功能的具体用法,以及几何约束与尺寸约束的运用,仔细观察教师的讲解、演示,做好课堂笔记;然后在上机操作过程中,以教材和多媒体视频为参照,完成每一个项目任务的练习,应该把每个任务练习2遍以上,以达到巩固的目的。

(2)学习过程中,要认真体会各个实例,把草图功能中的基本几何体指令以及几何约束与尺寸约束分析透彻,除了书上和教师所讲方法外,还可运用自己的思路进行草图绘制,培养自己的创造力和应用知识的能力。

(3)注重约束在草图中的运用。

知识扩展

1. "重新附着"

"重新附着"可以改变草图的附着平面,将一个平面或者表面的草图定位到另外一个不同方向的基准平面或者实体平面、片体表面上去,如图1.51所示。

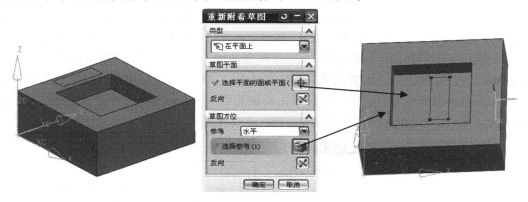

图 1.51　重新附着

2. "创建定位尺寸"

"创建定位尺寸"可以通过添加定位尺寸的形式来定义草图的空间位置,如图1.52所示。

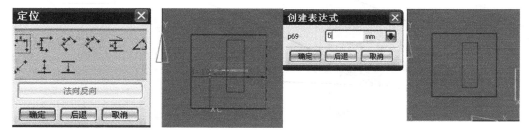

图 1.52　创建定位尺寸

习　题

根据前面所学的建模功能指令将下列零件图(图 1.53—图 1.61)用 UG 绘制成草图。

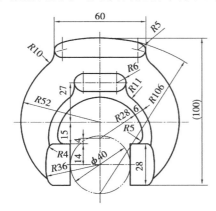

图 1.53　习题 1

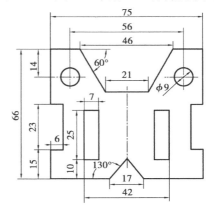

图 1.54　习题 2

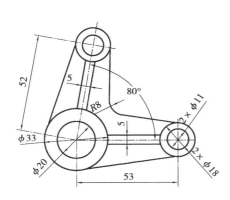

图 1.55　习题 3

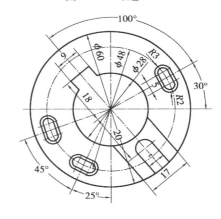

图 1.56　习题 4

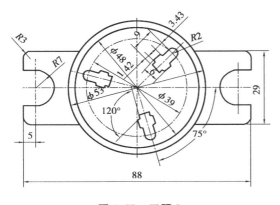

图 1.57　习题 5

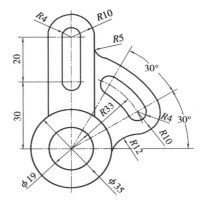

图 1.58　习题 6

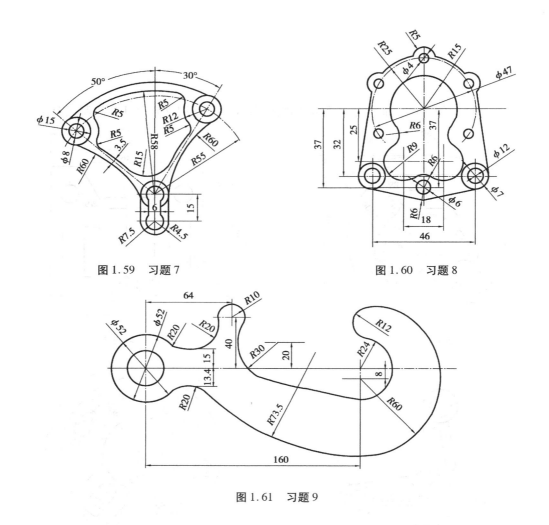

图 1.59　习题 7　　　　　　　　　　　　图 1.60　习题 8

图 1.61　习题 9

项目成绩鉴定办法及评分标准

序　号	项目内容	评分标准	评分等级分类		配　分
1	课堂表现	学习资料(教材、笔记本、笔)准备情况	A　B　C　D 四级		25
		课堂笔记记录情况	A　B　C　D 四级		
		课堂活动参与情况	A　B　C　D 四级		
		课堂提问回答情况	A　B　C　D 四级		
		纪律(有无玩游戏等违纪情况)	好　合格　差		
2	课堂作业	任务一的练习完成情况	A　B　C　D 四级		15
		任务二的练习完成情况	A　B　C　D 四级		15

序　号	项目内容	评分标准	评分等级分类	配　分
3	习题（至少完成7题）	习题1 完成情况	A　B　C　D 四级	5
		习题2 完成情况	A　B　C　D 四级	5
		习题3 完成情况	A　B　C　D 四级	5
		习题4 完成情况	A　B　C　D 四级	5
		习题5 完成情况	A　B　C　D 四级	5
		习题6 完成情况	A　B　C　D 四级	5
		习题7 完成情况	A　B　C　D 四级	5
		习题8 完成情况	A　B　C　D 四级	5
		习题9 完成情况	A　B　C　D 四级	5

本项目学习信息反馈表

序　号	项目内容	评价结果
1	课题内容	偏多＿＿＿＿　　　合适＿＿＿＿　　　不够＿＿＿＿
2	时间分布	讲课时间(多＿＿＿＿合适＿＿＿＿不够＿＿＿＿) 作业练习时间(多＿＿＿＿合适＿＿＿＿不够＿＿＿＿)
3	难易程度	高＿＿＿＿＿　　　中＿＿＿＿　　　低＿＿＿＿
4	教学方法	继续使用此法＿＿＿＿　增加教学手段＿＿＿＿ 形象性(好＿＿＿＿合适＿＿＿＿欠佳＿＿＿＿)
5	讲课速度	快＿＿＿＿　　　合适＿＿＿＿　　　太慢＿＿＿＿
6	课件质量	清晰＿＿＿＿模糊＿＿＿＿混乱＿＿＿＿字迹偏＿＿＿＿大＿＿＿＿小
7	课题实例数量	多＿＿＿＿合适＿＿＿＿不够＿＿＿＿
8	其他建议	

项目二
曲线绘制

【项目简述】

UG 曲线作为创建模型的基础,在特征建模过程中应用非常广泛。可以通过曲线的拉伸、旋转等操作创建特征,也可以用曲线创建曲面进行复杂特征建模。在特征建模过程中,曲线也常用作建模的辅助线(如定位线、中心线等);另外,创建的曲线还可添加到草图中进行参数化设计。利用曲线生成功能,可创建基本曲线和高级曲线。利用曲线操作功能,可以进行曲线的偏置、桥接、相交、截面和简化等操作。利用曲线编辑功能,可以修剪曲线、编辑曲线参数和拉伸曲线等。

【能力目标】

通过本项目具体的项目课题练习,掌握 UG 的曲线绘制功能中的点、直线、圆弧和圆、矩形、正多边形、椭圆的绘制方法,并可以裁剪这些曲线或编辑其参数。

【任务一】 V 形杆曲线绘制

【任务描述】

通过本任务的练习,掌握 UG 基本曲线、圆弧、多边形等功能的用法,掌握在建模模块中运用曲线功能进行二维图形绘制的方法。图 2.1 所示为 V 形杆二维图。

【活动一】 V 形杆曲线绘制

(1)单击"开始"—"程序"—"UGS NX 6.0"—"NX 6.0"进入 UGS 初始界面。单击"文件"—"新建"(快捷键 Ctrl + N)或者单击"新建"按钮,在文件名对话框输入"vxinggan",单位为毫米,选择模型模板,单击"确定"进入 UGS NX6.0 建模模块界面。

(2)单击按钮,将视图切换至顶部。单击"基本曲线"按钮:如图 2.2 所示,选择

"圆",在跟踪条一栏中输入 XC:0,YC:0,ZC:0,直径为 12,敲回车键,单击"取消",完成圆形绘制,如图 2.3 所示。

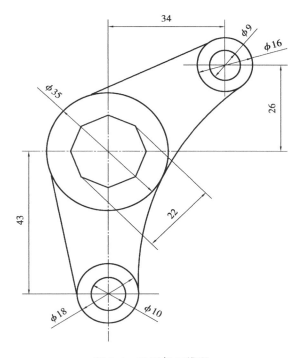

图 2.1　V 形杆二维图

图 2.2　基本曲线对话框

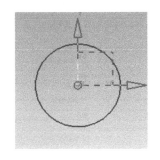

图 2.3　绘制圆形 1

(3)重复前一操作,运用"基本曲线"功能绘制如图 2.4 所示圆形,圆心坐标为 XC:34,YC:26:ZC:0,直径分别是 9 和 16。

(4)重复前一操作,在"基本曲线"功能中绘制如图 2.5 所示圆形,圆心坐标 XC:0,YC:−43:ZC:0,直径分别是 10 和 18。

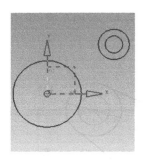 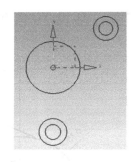

图 2.4　绘制圆形 2　　　　　图 2.5　绘制圆形 3

（5）单击"直线"按钮 ╱ ：如图 2.6 所示，设置起点选项为相切，终点选项为相切，单击如图 2.7 所示两处圆形，单击"确定"，完成切线绘制。

（6）重复前一操作，完成切线绘制，如图 2.8 所示。

 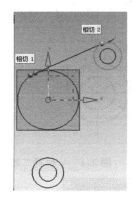 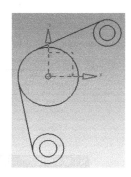

图 2.6　直线对话框　　　图 2.7　绘制切线 1　　　图 2.8　绘制切线 2

（7）单击"圆弧/圆"按钮 ╲ ，设置起点、端点、中点选项均为相切，选择如图 2.9 所示 3 处圆形，单击"确定"，绘制切弧。

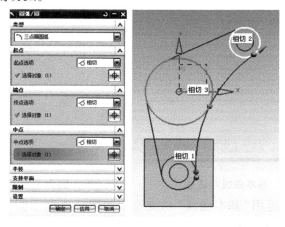

图 2.9　绘制切弧

（8）单击"多边形"按钮 ⊙ ，如图 2.10 所示，输入侧面数 8，单击"确定"，选择内接半径 11，方位角 0，单击"确定"，在弹出的中心点位置对话框中设置坐标为 0,0,0，单击"确定"后单击"取消",完成八边形绘制。

　　(9)连杆零件曲线绘制完成,如图 2.11 所示。

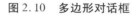

（a）多边形对话框1　　　　　（b）多边形对话框2　　　　　（c）多边形对话框3

图 2.10　多边形对话框

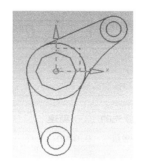

图 2.11　连杆零件完成图

【活动二】　本活动所涉及的主要建模指令

1. 曲线功能工具和曲线编辑功能工具

曲线功能工具条概览如图 2.12 所示,曲线编辑功能工具条概览如图 2.13 所示。

图 2.12　曲线功能工具条

图 2.13　曲线编辑功能工具条图

图 2.14　视图方位

2. 视图方位

"视图方位"包含正二测视图、正等测视图、顶部、左视图、前视图、右视图、背景色、底部,通过指令可以从不同方位定位工作视图。单击"视图"工具栏中的视图方位,可执行本指令,如图 2.14 所示。

3. "基本曲线"

"基本曲线"功能包含绘制直线、圆弧、圆形、倒圆角、修剪曲线和编辑曲线参数的功能。基本曲线对话框如图 2.15 所示。

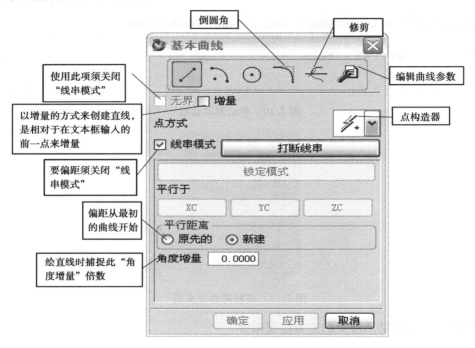

图 2.15　基本曲线对话框

4. 追踪条

该选项用于设置直线、圆弧、圆的位置及尺寸参数,打开基本曲线后即出现追踪条,如图 2.16 所示。

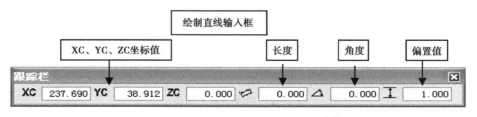

图 2.16　追踪条对话框

"直线"分为:

①两点;

②行线、相切线(圆弧)或成一角度的直线;

③偏距("线串模式"选项去除,将点方式设为"自动判断");

④指定长度和角度；

⑤画出与指定坐标轴平行的直线；

⑥两弧相切；

⑦角平分线；

⑧在圆弧或圆任意一点绘出与之相切的切线与法线；

⑨两平行直线之间的中分线。

"圆和圆弧" ⊙ ⌒ ：有两种创建圆弧的方式，如图 2.17 所示。

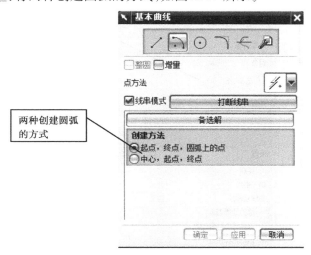

图 2.17　圆弧对话框

"倒圆角" ⌐ ：倒圆角含"简单倒圆""2 曲线倒圆角""3 曲线倒圆角"3 种方式，还可以是"一点和一直线"之间圆角、2 点圆角，都以圆的圆心为依据，逆时针倒圆角。图 2.18 所示为倒圆角对话框。

图 2.18　倒圆角对话框

"修剪曲线" ⭅ ：可以修剪或延伸直线、圆弧、二次曲线或样条；可以修剪到（或延伸到）曲线、边界、平面、曲面、点或光标位置；可以指定修剪后的曲线和它的输入参数相关联。"修剪曲线"对话框如图 2.19 所示。

5."直线" ／

"直线"一般是指通过两个点构造的线段。其作为一个基本的构图元素，在实际建模中无处不在。例如，两点连线可以生成一条直线，两个平面相交可以生成一条直线等。单击"曲

线"工具栏中的"直线"按钮或单击"插入"—"曲线"—"直线",进入"直线"对话框,如图 2.20
所示。

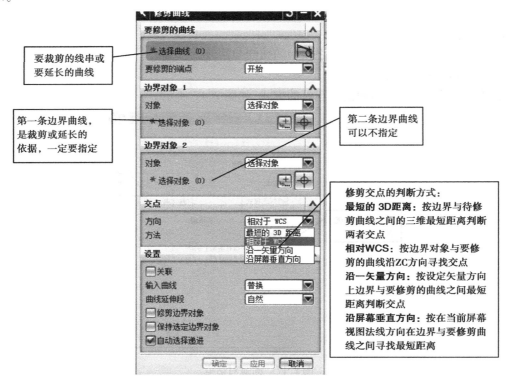

图 2.19　修剪曲线对话框

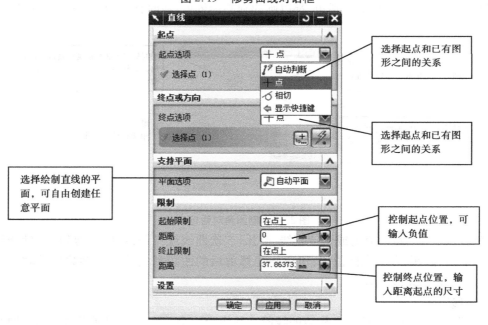

图 2.20　直线对话框

6. "圆弧/圆"

"圆弧/圆"是指在平面上到定点的距离等于定长的一些点(或所有点)的集合。使用此选项可迅速创建关联圆和圆弧特征。所获取的圆弧类型取决于用户组合的约束类型。通过组合不同类型的约束,可以创建多种类型的圆弧。也可以用此选项创建非关联圆弧,但是它们是简单曲线,而非特征。单击"曲线"工具栏中的"圆弧/圆"按钮或执行"插入"—"曲线"—"圆弧/圆"命令,进入"圆弧/圆"对话框,如图 2.21 所示,图 2.22 所示为三点画圆弧示意图,图 2.23 所示为从中心开始画圆弧/圆示意图。

图 2.21　圆弧/圆

图 2.22　三点画圆弧

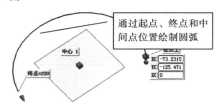

图 2.23　从中心开始画圆弧/圆

7. "正多边形"

"正多边形"是指所有内角和棱边都相等的简单多边形。其所有顶点都在同一个外接圆上,并且每一个多边形都有一个外接圆。常常用于创建螺母、螺钉等外形规则的特征。单击"曲线"工具栏中的"多边形"按钮,进入"多边形"对话框,如图 2.24 所示。在该对话框中的"侧面数"文本框中输入所需数值,单击"确定"按钮,弹出又一"多边形"对话框,如图 2.25 所示。利用外切圆半径绘制多边形如图 2.26 所示。

图 2.24　多边形对话框

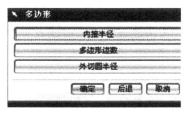

图 2.25　多边形对话框

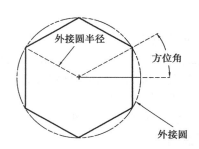

图 2.26 利用外切圆半径绘制多边形

【任务二】 连杆曲线绘制

【任务描述】

通过本任务的练习,掌握 UG 曲线空间平面选择、偏置曲线、基本曲线、圆弧、椭圆、多边形等功能的用法,掌握在建模模块中运用曲线功能进行二维图形绘制的方法。图 2.27 所示为连杆零件图。

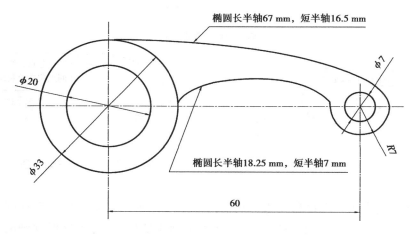

图 2.27 连杆零件图

【活动一】 连杆曲线绘制

(1)单击"开始"—"程序"—"UGS NX 6.0"—"NX 6.0"进入 UGS 初始界面。单击"文件"—"新建"(快捷键 Ctrl + N)或者单击"新建"按钮 ,在文件名对话框中输入"liangan",单位为毫米,选择模型模板,单击"确定"进入 UGS NX6.0 建模模块界面。

(2)单击"顶部"按钮 :将视图切换至顶部。

(3)单击"基本曲线"按钮 :如图 2.28 所示,选择圆,在跟踪条一栏中输入 XC:0,YC:0,ZC:0,直径 33,敲回车键,单击"取消",完成圆形绘制,如图 2.29 所示。重复操作在 XC:60,YC:0:ZC:0 处绘制直径为 7 的圆形。

图 2.28　基本曲线对话框

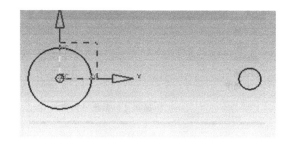

图 2.29　绘制圆形 1

（4）单击"偏置曲线"按钮，出现如图 2.30 所示的偏置曲线对话框，输入"距离"13，选择直径为 20 的大圆，切换方向为向外，单击"确定"，完成直径为 33 的圆形绘制。重复操作，设置偏置距离为 3.5，绘制半径为 7 的圆形，如图 2.31 所示。

图 2.30　偏置曲线对话框

图 2.31　绘制圆形 2

（5）单击"椭圆"按钮，在弹出的对话框中设置椭圆中心坐标为(0,0,0)，单击"确定"，设置椭圆参数如图 2.32 所示，单击"确定"，完成椭圆弧绘制，单击"取消"退出对话框。

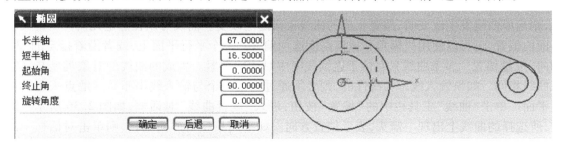

图 2.32　绘制椭圆对话框

（6）重复前一操作，绘制椭圆弧，中心点坐标为(34.75,0,0)，设置椭圆参数如图 2.33 所示，单击"确定"。

（7）单击"修剪曲线"按钮，选择修剪对象如图 2.34 所示 1 处，选择第一边界为 2 处椭圆弧，单击"确定"，完成图形绘制，其完成图如图 2.35 所示。

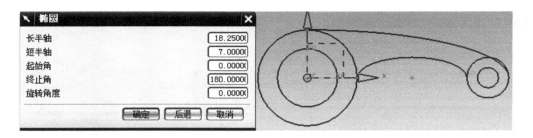

图 2.33　绘制椭圆对话框

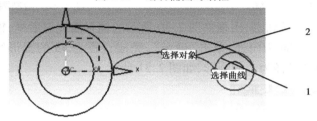

图 2.34　修剪曲线

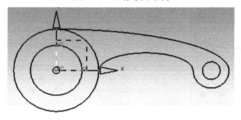

图 2.35　连杆零件曲线完成图

【活动二】　本活动所涉及的主要建模指令

1."偏置曲线"

"偏置曲线"是指对已有的二维曲线(如直线、弧、二次曲线、样条线以及实体的边缘线等)进行偏置,得到新的曲线。可以选择是否使偏置曲线与原曲线保持关联,如果选择"关联"选项,则当原曲线发生改变时,偏置生成的曲线也会随之改变。曲线可以在选定几何体所定义的平面内偏置,也可以使用拔模角和拔模高度选项偏置到一个平行平面上,或者沿着指定的"3D轴向"矢量偏置。多条曲线只有位于连续线串中时才能偏置。生成的曲线的对象类型与其输入曲线相同。如果输入线串为线性的,则必须通过定义一个与输入线串不共线的点来定义偏置平面。单击"曲线"工具栏中的"偏置"按钮,进入"偏置曲线"对话框,如图 2.36 所示。同时,所选择的曲线上出现一箭头,表示偏置方向。如果向相反的方向偏移,则单击对话框中的"反向"按钮。设置偏置方式,并设定相应的参数,单击"确定"即可。

2."椭圆"

"椭圆"是指与两定点的距离之和为一指定值的点的集合,其中两个定点称为焦点。默认椭圆会在与工作平面平行的平面上创建,包括长轴和短轴,每根轴的中点都在椭圆的中心。椭圆的最长直径就是长轴,最短直径就是短轴。长半轴和短半轴的值指的是这些轴长度的一半,如图 2.37 所示。单击"曲线"工具栏中的"椭圆"按钮,进入点对话框,利用该对话框指定椭圆的中心,完成椭圆中心的指定后,弹出"椭圆"对话框,如图 2.38 所示。

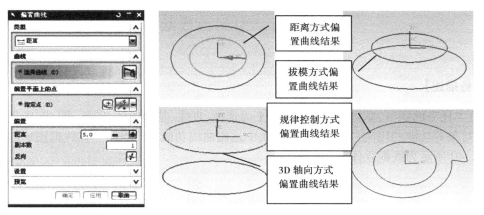

图 2.36 偏置曲线对话框

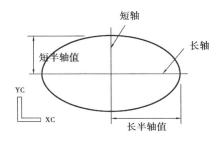

图 2.37 椭圆参数示意图

图 2.38 椭圆对话框

3. "修剪曲线"

"修剪曲线"是指根据指定的用于修剪的边界实体和曲线分段来调整曲线的端点。可以修剪或延伸直线、圆弧、二次曲线或样条,也可以修剪到(或延伸到)曲线、边缘、平面、曲面、点或光标位置,还可以指定修剪过的曲线与其输入参数相关联。当修剪曲线时,可以使用体、面、点、曲线、边缘、基准平面和基准轴作为边界对象。单击"编辑曲线"工具栏中的"修剪曲线"按钮,进入"修剪曲线"对话框,如图 2.39 所示。

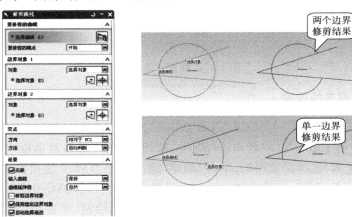

图 2.39 修剪曲线对话框

【任务三】 空间曲线绘制

【任务描述】

通过本任务的练习,掌握 UG 曲线空间平面选择、直线、基本曲线、圆弧、圆、工作坐标系变换、移动对象等功能的用法,掌握在建模模块中运用曲线功能进行空间立体线框图形的绘制方法。图 2.40 所示为线框立体图。

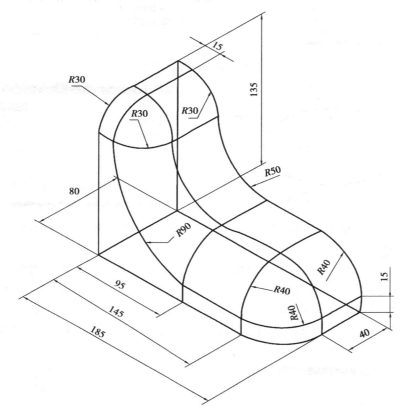

图 2.40 线框立体图

【活动一】 空间曲线绘制

(1)单击"开始"—"程序"—"UGS NX 6.0"— "NX 6.0"进入 UGS 初始界面。单击"文件"—"新建"(快捷键 Ctrl + N)或者单击"新建"按钮,在文件名对话框中输入"kongjianxiankuang",单位为毫米,选择模型模板,单击"确定"进入 UGS NX6.0 建模模块界面。

(2)单击"矩形"按钮,在弹出的对话框中设置坐标为 XC:0,YC:0,ZC:0,单击"确定",再设置坐标为 XC:185,YC:80,ZC:0,单击"确定",完成矩形绘制,单击"取消"退出对话框,如图 2.41 所示。

(3)单击"矩形"按钮,在弹出的对话框中设置坐标为 XC:0,YC:0,ZC:0,单击"确定",

再设置坐标为 XC:0,YC:80,ZC:135,单击"确定",完成矩形绘制,单击"取消"退出对话框,如图 2.42 所示。

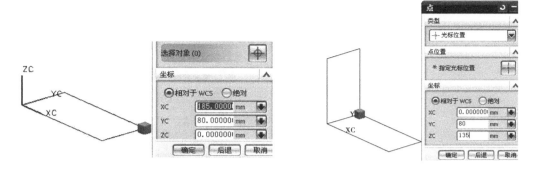

图 2.41　矩形　　　　　　　　　　　　　　　　　　图 2.42　矩形

(4)单击"基本曲线"按钮，选择"圆角"功能,在"曲线圆角"对话框中选择"两曲线圆角",输入半径 30,然后分别选择两条矩形边,结果如图 2.43 所示。

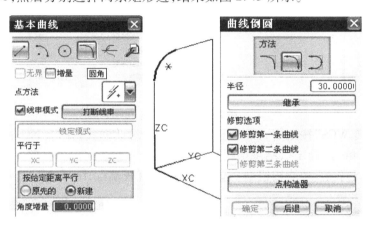

图 2.43　倒圆角

(5)选择"移动对象"功能按钮，弹出"移动对象"对话框,选择矩形上边的圆弧和直线,在运动选项中选择"距离",在"指定矢量"下拉菜单中选择 X 轴,在"距离"选项中输入 15 mm,在结果下选择"复制原先的",单击"确定",结果如图 2.44 所示。

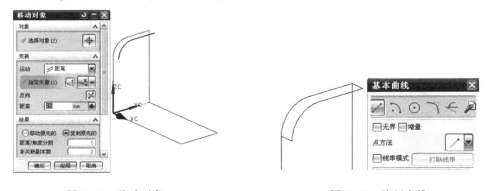

图 2.44　移动对象　　　　　　　　　　　　　图 2.45　绘制直线

（6）单击"基本曲线"按钮 ，选择"直线"功能，在"点方法"中选择直线端点，分别选择两条曲线边，画出两条直线，结果如图 2.45 所示。

（7）单击"直线"按钮 ∕，在"起点"中选择"选择点"，输入坐标为 XC:45,YC:30,ZC:105，在"终点或方向"中选择"选择点"，输入坐标为 XC:45,YC:80:ZC:105，单击"确定"，结果如图 2.46 所示。

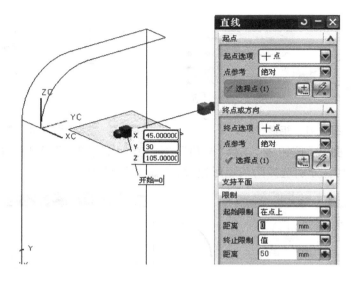

图 2.46　绘制直线

（8）选择"旋转 WCS"按钮 ，弹出"选择 WCS 绕"对话框，选择" + XC 轴:YC-- > ZC"，在"角度"中输入 90，单击"确定"，结果如图 2.47 所示。

（9）选择"WCS 原点"功能按钮 ，选择上一步的直线端点，结果如图 2.48 所示。

图 2.47　选择坐标

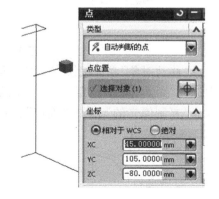

图 2.48　移动原点

（10）单击"圆弧/圆"按钮 ，选择"三点画圆弧"功能，选择两条直线端点，输入半径 30 mm，在"设置"中单击"备选解"，选择符合要求的圆弧，单击"确定"，结果如图 2.49 所示。

（11）选择"移动对象"功能按钮 ，弹出"移动对象"对话框，选择矩形上边的圆弧和直线，在运动选项中选择"距离"，在"指定矢量"下拉菜单中选择 X 轴，在"距离"选项中输入 15 mm，在结果下选择"复制原先的"，单击"确定"，结果如图 2.50 所示。

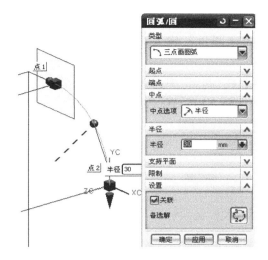

图 2.49　绘制圆弧

（12）单击"设置为绝对 WCS"按钮，再选择"WCS 原点"功能按钮，选择上一步的圆弧与直线的交点，结果如图 2.51 所示。

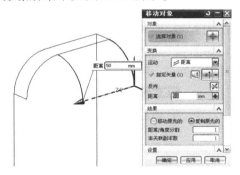

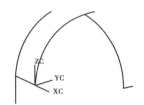

图 2.50　复制曲线　　　　　　　　　　　　图 2.51　设置坐标

（13）单击"圆弧/圆"按钮，选择"三点画圆弧"功能，选择两条直线端点，输入半径 30 mm，在"设置"中单击"备选解"，选择符合要求的圆弧，单击"确定"，结果如图 2.52 所示。

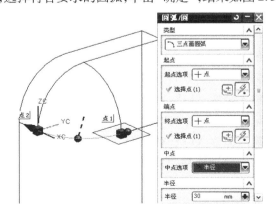

图 2.52　绘制圆弧

（14）单击"设置为绝对 WCS"按钮 ⊥，单击"基本曲线"按钮 ⊙，选择"圆角"功能，在"曲线圆角"对话框中选择"两曲线圆角"，输入半径 40，然后分别选择两条矩形边，结果如图 2.53 所示。

（15）单击"直线"按钮 ╱，在"起点"中选择"选择点"，输入坐标 X95，Y0，Z15；在"终点或方向"中选择"选择点"，输入坐标 X145，Y0，Z15，单击"确定"，结果如图 2.54 所示。

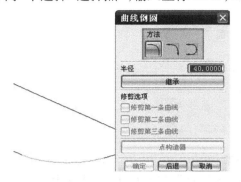

图 2.53　倒圆角　　　　　　　　　　　　　　　　图 2.54　绘制直线

（16）单击"直线"按钮 ╱，在"起点"中选择"选择点"，输入坐标 X185，Y40，Z15；在"终点或方向"中选择"选择点"，输入坐标 X185，Y80，Z15，单击"确定"，结果如图 2.55 所示。

（17）单击"圆弧／圆"按钮 ⌒：选择"三点画圆弧"功能，选择两条直线端点，输入半径 30 mm，在"设置"中单击"备选解"，选择符合要求的圆弧，单击"确定"，结果如图 2.56 所示。

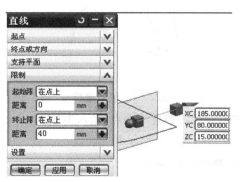

图 2.55　绘制直线　　　　　　　　　　　　　　　　图 2.56　绘制圆弧

（18）单击"直线"按钮 ╱，在"起点"中选择"选择点"，输入坐标 X95，Y40，Z55，在"终点或方向"中选择"选择点"，输入坐标 X145，Y40，Z55，单击"确定"，结果如图 2.57 所示。

（19）单击"直线"按钮 ╱，在"起点"中选择"选择点"，输入坐标 X95，Y80，Z55，在"终点或方向"中选择"选择点"，输入坐标 X145，Y80，Z55，单击"确定"，结果如图 2.58 所示。

（20）单击"直线"按钮 ╱，分别连接直线端点并利用平行功能，绘制如图 2.58 所示四条直线。

（21）再选择"WCS 原点"功能按钮 ⊥，选择与矩形右边平行的直线角点，选择"旋转WCS"按钮 ⊙，弹出"选择 WCS 绕"对话框，选择 +XC 轴：YC-ZC，在角度中输入 90，单击"确定"，结果如图 2.59 所示。

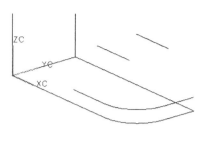

图 2.57　绘制直线

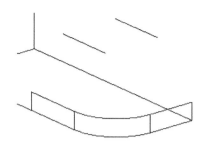

图 2.58　设置坐标

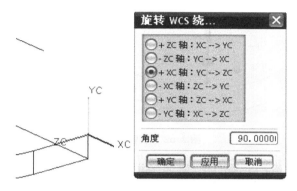

图 2.59　绘制直线

（22）单击"圆弧/圆"按钮 ，选择"三点画圆弧"功能，选择两条直线端点，输入半径
40 mm，在"设置"中单击"备选解"，选择符合要求的圆弧，单击"确定"，结果如图 2.60 所示。

（23）选择"移动对象"功能按钮 ，弹出"移动对象"对话框，选择圆弧，在运动选项中选
择"距离"，在"指定矢量"下拉菜单中选择 Z 轴，在"距离"选项中输入 40 mm，在结果下选择
"复制原先的"，单击"确定"，结果如图 2.61 所示。

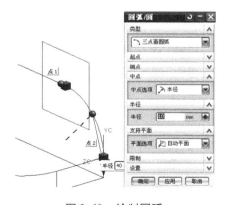

图 2.60　绘制圆弧

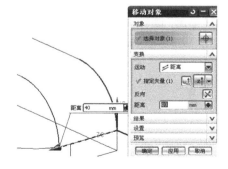

图 2.61　复制圆弧

（24）选择"移动对象"功能按钮 ，弹出"移动对象"对话框，选择圆弧，在运动选项中选
择"旋转"，在"指定矢量"下拉菜单中选择 Y 轴，指定轴点，选择圆弧中心，在"角度"选项中输
入 −90，在结果下选择"复制原先的"，单击"确定"，结果如图 2.62 所示。

（25）选择"移动对象"功能按钮 ，弹出"移动对象"对话框，选择圆弧，在运动选项中选

择"距离",在"指定矢量"下拉菜单中选择 – X 轴,在"距离"选项中输入 50 mm,在结果下选择"复制原先的",单击"确定",结果如图 2.63 所示。

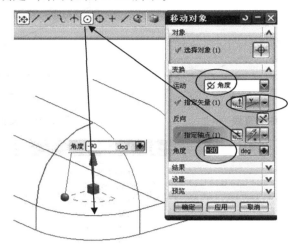

图 2.62　旋转圆弧

（26）单击"直线"按钮 ✏，分别连接直线端点,绘制如图 2.64 所示两条直线。

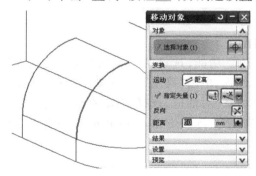

图 2.63　移动复制圆弧

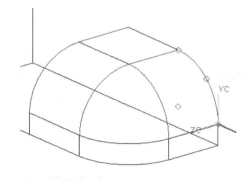

图 2.64　连接直线

（27）单击"圆弧/圆"按钮 ，选择"三点画圆弧"功能,选择两条直线端点,输入半径 50 mm,在"设置"中单击"备选解",选择符合要求的圆弧,单击"确定",如图 2.65、图 2.66 所示。

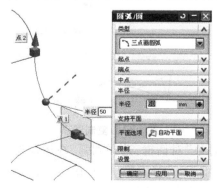

图 2.65　绘制圆弧

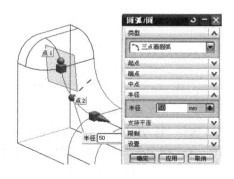

图 2.66　绘制圆弧

（28）单击"圆弧/圆"按钮，选择"三点画圆弧"功能，选择两条直线端点，输入半径 90 mm，在"设置"中单击"备选解"，选择符合要求的圆弧，单击"确定"，结果如图 2.67 所示。

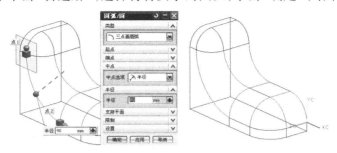

图 2.67　绘制圆弧

【活动二】　本活动所涉及的主要建模指令

1.建模坐标设置指令

坐标系在建模中有非常重要的作用，坐标系分为绝对坐标系和工作坐标系，绝对坐标系在模型文件创建的时候就已经确定，在以后的建模过程中不能改变，工作坐标系是用户坐标系，可以根据需要改变。UG 主要的建模坐标系功能按钮如图 2.68 所示。

图 2.68　坐标系功能

1）"WCS 原点"

该功能可以定义用户工作坐标系到自己需要的位置，选择按钮以后，弹出点对话框，可以输入坐标，也可以在类型下拉列表中选择捕捉点，如图 2.69 所示。

2）"旋转 WCS"

该功能可以将工作坐标系旋转到自己需要的位置，选择按钮以后，弹出"旋转 WCS"对话框，选择旋转基准坐标轴，在"角度"内输入旋转角，单击"确定"，如图 2.70 所示。

图 2.69　WCS 原点

图 2.70　旋转 WCS

3）"设置为绝对 WCS" ![icon]

该功能可以将当前工作坐标系定义到绝对坐标系的位置，选择按钮 ![icon] 以后，无论工作坐标系在任何方位，都可恢复到绝对坐标系的位置。

4）"WCS 动态" ![icon]

该功能可以将工作坐标系通过手动的方式调整到自己需要的位置，选择按钮 ![icon] 以后，可以选择拖动坐标原点以确定坐标原点，可以选择箭头以移动该坐标轴位置，旋转三维球，旋转坐标系角度，如图 2.71 所示。

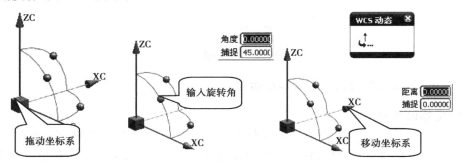

图 2.71　WCS 动态

5）"WCS 方向" ![icon]

该功能可以定义多种工作坐标系的位置，选择按钮 ![icon] 以后，弹出"WCS 方向"对话框，在类型下拉列表中选择适合自己的定义类型，就可以进行设置，如图 2.72 所示。

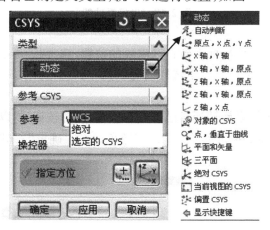

图 2.72　WCS 方向对话框

2."移动对象" ![icon] 移动对象(O)... (Ctrl+Shift+M)

单击"编辑"—"移动对象"（或者单击按钮 ![icon]），将打开移动对象对话框，如图 2.73 所示。"移动对象"功能可以将实体或者图素对象移动到指定的位置上去，可以从一个点移动到另外一个点，也可以围绕轴线进行旋转，同时既可以移动对象，也可以复制对象。移动的方法很多，常用的有以下几种。

1）"距离" ![icon] 距离

"距离"运动是指按指定的矢量方向，根据给定的距离来移动或者复制对象，也可以直接给定两点的坐标进行移动。

2）"角度" 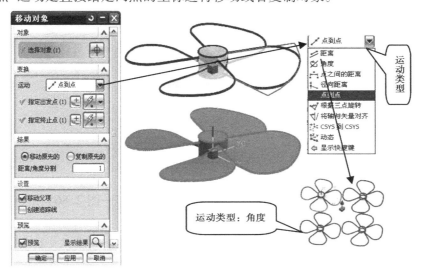角度

"角度"运动是按指定的矢量轴和轴点(旋转中心点)进行对象移动(旋转)的方法。该功能既可以旋转对象,也可以旋转复制对象。

3）"点到点" 点到点

"点到点"运动是直接给定两点的坐标进行移动或者复制对象。

图 2.73　移动对象

学习方法

（1）重点掌握曲线功能中基本曲线功能的具体用法以及曲线编辑的运用,仔细观察教师的讲解、演示,做好课堂笔记,然后在上机操作过程中,以教材和多媒体视频为参照,完成每一个项目任务的练习,应该把每个任务练习2遍以上,以达到巩固的目的。

（2）学习过程中,要认真体会各个实例,把曲线功能中的基本曲线指令以及曲线编辑功能分析透彻,除了书上和教师所讲方法外,还可运用自己的思路进行曲线绘制,达到异曲同工、殊途同归的结果,培养自己的创造力和应用知识的能力。

（3）注重"坐标系变换"及"移动对象"功能在空间曲线绘制中的灵活运用。

知识扩展

"桥接曲线"

"桥接曲线"功能是将两条不连接的曲线按照设定的曲率参数进行连接的曲线绘图功能。在运用时只要选择工作区域的起始曲线和终止曲线,软件就会自动按照一定的曲率将两条曲

线进行连接,同时还可以通过调整相切的"幅值"来控制桥接曲线的形状,如图 2.74 所示。

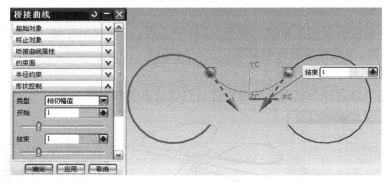

图 2.74　桥接曲线

习　题

根据前面所学的曲线建模功能指令将下列零件图(图 2.75—图 2.86)用 UG 绘制成曲线图形。

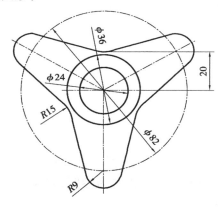

图 2.75　习题 1

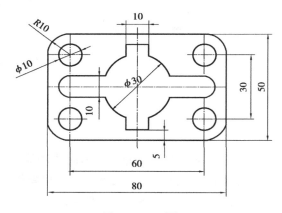

图 2.76　习题 2

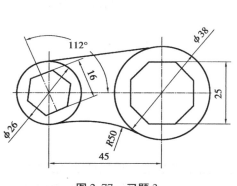

图 2.77　习题 3

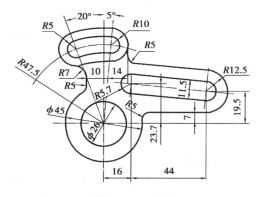

图 2.78　习题 4

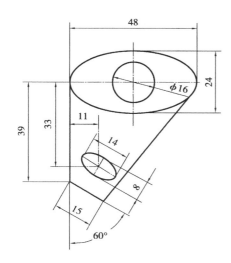

图 2.79　习题 5

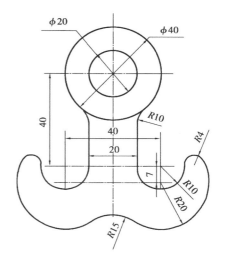

图 2.80　习题 6

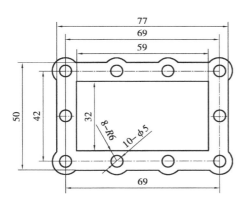

图 2.81　习题 7

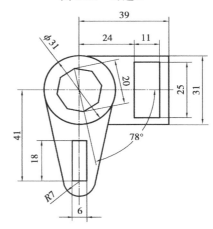

图 2.82　习题 8

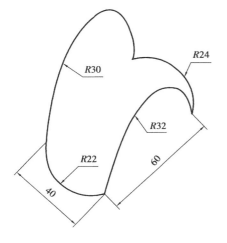

图 2.83　习题 9

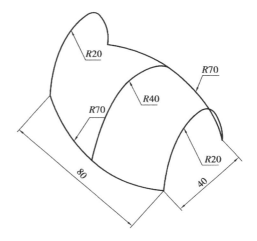

图 2.84　习题 10

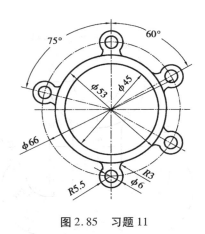

图 2.85　习题 11

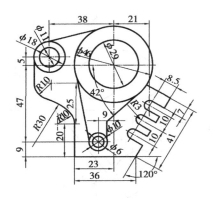

图 2.86　习题 12

项目成绩鉴定办法及评分标准

序　号	项目内容	评分标准	评分等级分类	配　分
1	课堂表现	学习资料(教材、笔记本、笔)准备情况	A　B　C　D 四级	10
		课堂笔记记录情况	A　B　C　D 四级	
		课堂活动参与情况	A　B　C　D 四级	
		课堂提问回答情况	A　B　C　D 四级	
		纪律(有无玩游戏等违纪情况)	好　合格　差	
2	课堂作业	任务一的练习完成情况	A　B　C　D 四级	15
		任务二的练习完成情况	A　B　C　D 四级	15
		任务三的练习完成情况	A　B　C　D 四级	15
3	习题(至少完成 8 题)	习题 1 完成情况	A　B　C　D 四级	5
		习题 2 完成情况	A　B　C　D 四级	5
		习题 3 完成情况	A　B　C　D 四级	5
		习题 4 完成情况	A　B　C　D 四级	5
		习题 5 完成情况	A　B　C　D 四级	5
		习题 6 完成情况	A　B　C　D 四级	5
		习题 7 完成情况	A　B　C　D 四级	5
		习题 8 完成情况	A　B　C　D 四级	5
		习题 9 完成情况	A　B　C　D 四级	5
		习题 10 完成情况	A　B　C　D 四级	选做
		习题 11 完成情况	A　B　C　D 四级	选做
		习题 12 完成情况	A　B　C　D 四级	选做

本项目学习信息反馈表

序　号	项目内容	评价结果
1	课题内容	偏多_____　　　合适_____　　　不够_____
2	时间分布	讲课时间(多_____合适_____不够_____) 作业练习时间(多_____合适_____不够_____)
3	难易程度	高_____　　中_____　　低_____
4	教学方法	继续使用此法_____　　增加教学手段_____ 形象性(好_____合适_____欠佳_____)
5	讲课速度	快_____　　合适_____　　太慢_____
6	课件质量	清晰_____模糊_____混乱_____字迹偏_____大____小
7	课题实例数量	多_____　　合适_____　　不够_____
8	其他建议	

项目三
实体建模

【项目简述】

UG 实体造型功能强大、操作方便,可以通过特征功能:拉伸、扫描、沿引导线扫掠、旋转实体、长方体、圆柱体、锥体、球体、管体、孔、凸台、型腔、凸垫、键槽、环形槽、三角形加强筋、引用几何体等功能来建模,特征操作提供了拔模、拔模体、边倒圆、面倒圆、软倒圆、倒斜角、抽壳、镜像特征、镜像体、偏置、缩放、拆分体、修剪体、实例特征等建模功能,并加以布尔操作和参数化来进行更广范围的实体造型。编辑特征和同步建模可以对实体进行各种操作和编辑,将造型操作大大简化,提高了建模的速度。UG 的实体造型能保持原有的关联性,可以引用到工程图、装配、加工、机构分析和有限元分析中;UG 可以对实体进行修饰和渲染及干涉检查;可从实体中提取几何特性和物理形成特性,以进行计算和特性分析。

【能力目标】

通过本项目具体的项目课题练习,掌握 UG 的特征建模、特征操作和编辑特征等相关功能指令的操作方法,学生能进行轴类零件、盘套类零件、箱体类零件等各种实体建模,能根据二维零件图绘制三维实体模型。

【任务一】 铣削零件实体建模

【任务描述】

通过本任务的练习,掌握 UG 草图绘制、拉伸建模、布尔运算等建模功能的用法。图 3.1 所示为铣削零件工程图。

【活动一】 铣削零件实体建模

(1)"开始"—"程序"—"UGS NX 6.0"— "NX 6.0"进入 UGS 初始界面。单击"文件"—

"新建"（快捷键 Ctrl + N）或者单击按钮 🗋，在"名称"对话框中输入"xixiaolingjian"，单位为毫米，选择模型模板，单击"确定"进入 UGS NX6.0 建模模块界面，如图 3.2 所示。

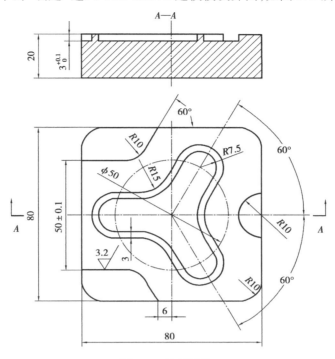

图 3.1　铣削零件

图 3.2　创建文件

（2）单击："插入"—"草图"或者单击草图工具按钮 🔧 进入创建草图界面，"平面选项"选为创建平面，选择 XC-YC 平面，进入草图界面，如图 3.3 所示。

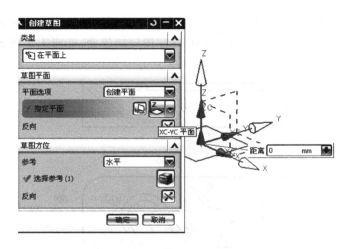

图 3.3　草图平面设置

（3）运用草图功能,绘制如图 3.4 所示草图。

（4）单击"完成草图"按钮 ,返回实体建模空间。

（5）选择"拉伸"特征按钮 ,选择所画草图外圈线框,"指定矢量"为 ZC 轴,"限制"—"开始"距离为 -3 mm,"结束"距离为 20 mm,"布尔"为无,单击"确定"按钮,如图 3.5 所示。

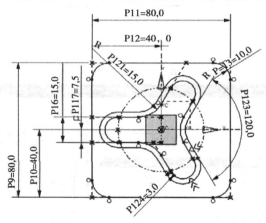

图 3.4　绘制轮廓草图

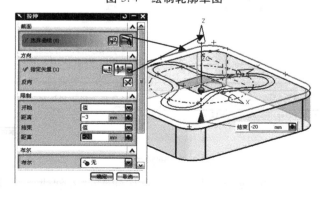

图 3.5　拉伸实体

（6）继续选择"拉伸"按钮，选择所画草图中间线框，"指定矢量"为 ZC 轴，"限制"——"开始"距离为 0 mm，"结束"距离为 - 3 mm，"布尔"为求和，单击"确定"按钮，如图 3.6 所示。

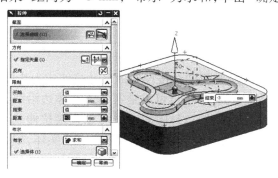

图 3.6　拉伸凸台

（7）继续选择"拉伸"按钮，选择所画草图内线框，"指定矢量"为 ZC 轴，"限制"——"开始"距离为 0 mm，"结束"距离为 - 3 mm，"布尔"为求差，单击"确定"按钮，如图 3.7 所示。

（8）单击："插入"——"草图"或者单击草图工具按钮"　"进入创建草绘界面，平面选项选为创建平面，选择 XC-YC 平面，进入草图界面。运用草图功能绘制如图 3.8 所示草图。

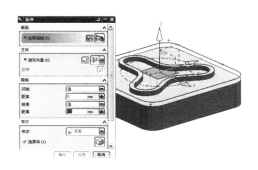

图 3.7　拉伸内槽

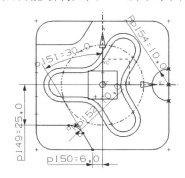

图 3.8　绘制凸台草图

（9）单击"完成草图"按钮　，返回实体建模空间。

（10）选择"拉伸"特征按钮，选择所画草图外圈线框，"指定矢量"为 ZC 轴，"限制"——"开始"距离为 0 mm，"结束"距离为 - 3 mm，"布尔"为"求和"，单击"确定"按钮，如图 3.9 所示。

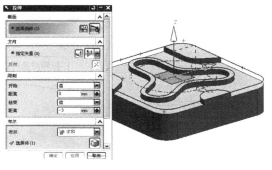

图 3.9　拉伸凸台

【活动二】 本活动所涉及的主要建模指令

UG 的特征和特征操作功能如下：

（1）UG 的"特征"建模指令如图 3.10 所示。

（2）UG 的"特征操作"建模指令如图 3.11 所示。

（3）拉伸建模功能。"拉伸"是将曲线按设定的尺寸拉伸成为片体和实体的建模方法。拉伸曲线可以是草绘曲线、建模空间曲线，也可以是实体或片体边沿线，封闭的或者开放的曲线均可拉伸，但是交叉的曲线不能拉伸。封闭的曲线可以直接拉伸成片体或实体，开放的曲线（或者单条曲线）可以直接拉伸成片体，或者通过偏置生成为实体，如图 3.12 及图 3.13 所示。

图 3.10　UG 的特征建模指令

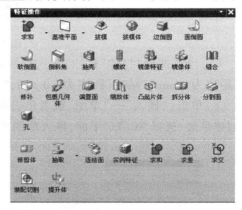

图 3.11　UG 的特征操作建模指令

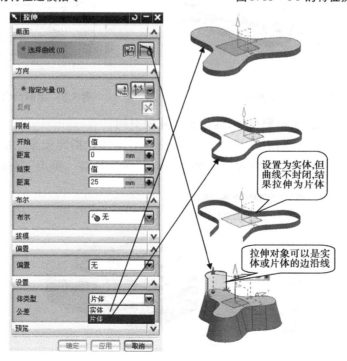

图 3.12　拉伸建模功能 1

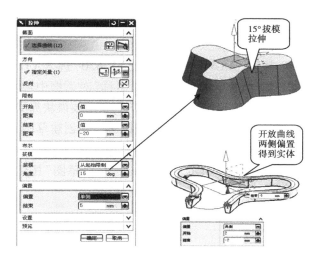

图 3.13 拉伸建模功能 2

【任务二】 汽车零件实体建模

【任务描述】

通过本任务的练习,运用 UG 草绘功能,掌握回转体特征、倒斜角、边倒圆、孔、螺纹等基本建模功能的用法,在建模模块中灵活运用点构造器和矢量构造器进行建模。图 3.14 所示为汽车零件。

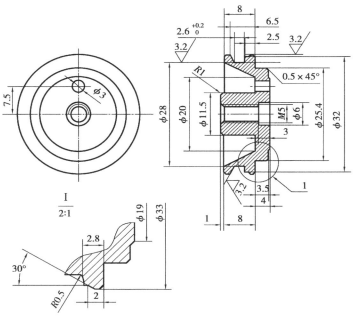

图 3.14 汽车零件

【活动一】 汽车零件实体建模

（1）单击"开始"—"程序"—"UGS NX 6.0"—"NX 6.0"进入 UGS 初始界面。单击"文件"—"新建"（快捷键 Ctrl + N）或者单击按钮口，在"名称"对话框中输入"qichelingjian"，单位为毫米，选择模型模板，单击"确定"按钮进入 UGS NX6.0 建模模块界面。

（2）单击"插入"—"草图"或者单击草图工具按钮进入创建草图界面，"平面"选项选为"创建平面"，选择 XC-ZC 平面，进入草图界面，如图 3.15 所示。

（3）运用草图功能绘制如图 3.16 所示草图，单击"完成草图"按钮返回实体建模空间。

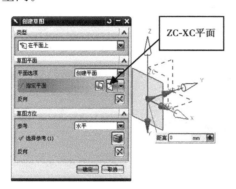

图 3.15　草图平面设置

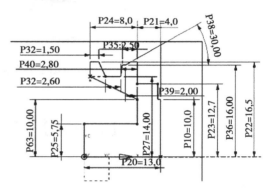

图 3.16　草图绘制

（4）选择"回转"按钮，选择所画草图线框，"指定矢量"为 XC 轴，"指定点"为默认值（或为 0,0,0），"开始角度"为 0，"结束角度"为 360，"布尔"为无，单击"确定"按钮，如图 3.17 所示。

（5）选择倒斜角工具按钮，选择如图 3.17 所示的 4 条棱边，在倒斜角对话框中横截面选择对称，距离中输入 0.5，结果如图 3.18 所示。

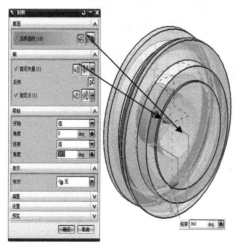

图 3.17　回转体建模

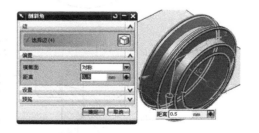

图 3.18　倒斜角

（6）选择"边倒圆"功能按钮，倒圆半径设为 1 mm，单击"确定"按钮，如图 3.19 所示。

（7）同理,倒槽底工艺圆角为 0.5 mm,如图 3.20 所示。

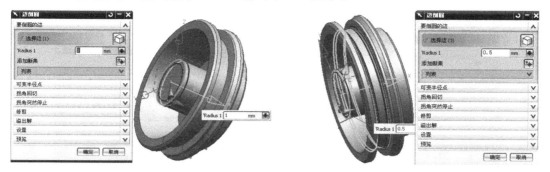

图 3.19　倒圆角 1 mm

图 3.20　倒圆角 0.5 mm

（8）选择"孔工具"按钮 ,"成形类型"选沉头孔,"沉头孔直径"为 6 mm,"沉头孔深度"为3 mm,"直径"为 4.2 mm,"深度"为 20 mm,如图 3.21 所示。

（9）运用"倒斜角"工具 ,孔口倒角 1 mm,返回实体编辑,如图 3.22 所示。

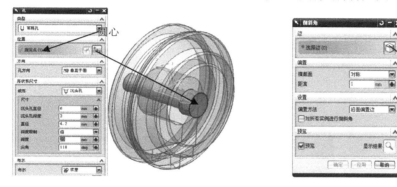

图 3.21　沉头孔

图 3.22　倒角

（10）运用"螺纹功能"工具 进行内孔螺纹建模,设置"大径"为 5 mm,"长度"为 9 mm,"螺距"为 0.8,"角度"为 60,结果如图 3.23 所示。

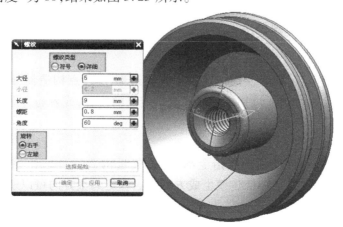

图 3.23　内孔螺纹建模

（11）销孔建模,选择"孔"工具按钮 ,"成形类型"选简单孔,"孔直径"为 3 mm,沉头孔

"深度"为 30 mm,指定点激活后,选择选择条中的"点构造器" 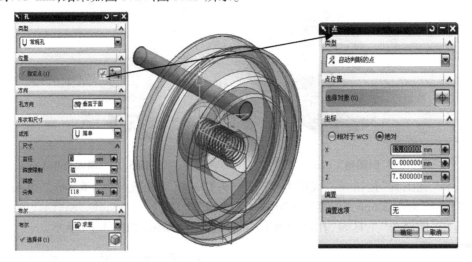,设置坐标为 X:13 mm,Y:0 mm,Z:7.5 mm,结果如图 3.24、图 3.25 所示。

图 3.24 销孔建模

图 3.25 零件建模结果图

【活动二】 本活动主要建模指令

1."点构造器"

在对象选取和精确定位的时候,需要使用"点构造器" ,点构造器可以通过坐标输入的方式来确定点的位置,也可以通过捕捉的方式来确定点的位置,或者通过选择条工具来捕捉点的位置,如图 3.26、图 3.27、图 3.28 所示。

2."矢量构造器"

UG 在建模过程中,很多建模功能指令都要用"矢量构造器" ,比如实体的拉伸建模方向、旋转轴线、投影方向及其他特征建模生成方向等。确定矢量方向可以通过自动判断和手动确定等方式,如图 3.29 所示。

3."平面构造器"

"平面构造器"在绘制草图和建模过程中经常用到,当需要在不同的构图面上建模或绘制曲线的时候,特别是除 XC-YC 平面、XC-ZC 平面、YC-ZC 平面 3 个常规平面以外的与 XC-YC,

XC-ZC,YC-ZC 平面成一定角度和距离关系的面,就必须用平面构造器来确定,如图 3.30 所示。

图 3.26　点构造器输入坐标确定点

图 3.27　捕捉特征点确定点

图 3.28　选择条工具捕捉点

图 3.29　矢量构造器

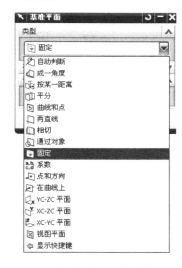
图 3.30　平面构造器

4. 成形特征"孔"

"孔"功能指令是用于在实体材料上切割成孔的特征工具。孔特征有 5 种孔的建模功能:常规孔、钻形孔、螺钉间隙孔、孔系列等。

"常规孔"中有"沉头孔""埋头孔""简单孔""已拔模"4 种孔建模方法。

"钻形孔"可以设置孔口是否倒角,也可以自定义比原始孔的尺寸大的孔。

"螺钉间隙孔"用于定义装配螺钉的底孔尺寸(比螺纹大径大),也可以设置为沉头孔和埋头孔的形式。

"螺纹孔"建模功能主要用于建立与螺纹件进行配合的孔,其孔径一般比螺纹直径大,深度比螺纹件长。

"孔系列"主要用于螺纹孔的配合的建模,会自动给出一定的装配间隙。有简单、沉头孔和埋头孔 3 种形式,如图 3.31 和图 3.32 所示。

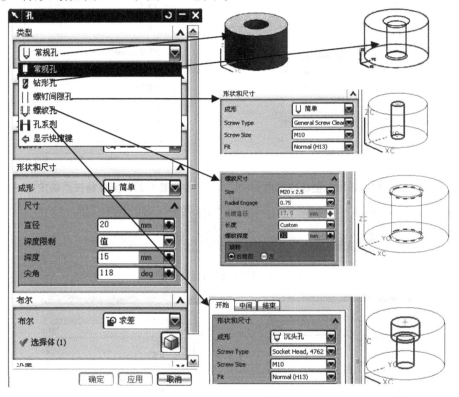

图 3.31　孔特征建模

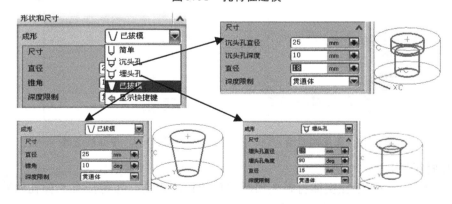

图 3.32　常规孔

5. "回转特征"

"回转特征"是将截面轮廓曲线围绕轴线旋转而成的实体或者片体建模功能。其对话框中可指令的含义是:"截面"—"选择曲线"是指旋转体的截面曲线,可以封闭,也可以不封闭;"轴"—"指定矢量"是选择旋转体的回转轴心线,"指定点"为旋转的基点(可以按默认值处理);"角度限制":可以输入起始的角度和终止角度,以获得扇形体;偏置可以获得使截面曲线沿旋转轴方向移动的实体效果。图 3.33 所示为回转体建模功能。

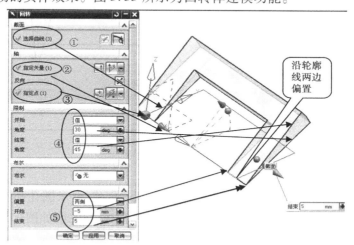

图 3.33　回转体建模功能

6. "边倒圆"

"边倒圆"是将实体的边缘按指定的半径进行倒圆角处理的建模方法,是对设计零件进行工艺处理的方法之一,有单一倒圆、可变半径倒圆、拐角回切、拐角突然停止(终止距离)4 种建模功能,如图 3.34 所示。

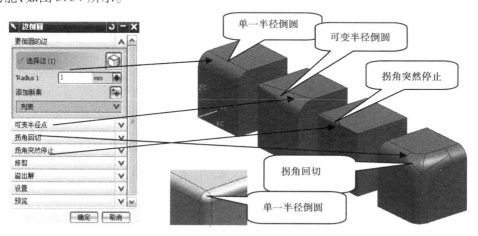

图 3.34　边倒圆

7. "倒斜角"

"倒斜角"是对实体零件进行倒角处理的建模功能,有对称、非对称、偏置和角度几种形式,如图 3.35 所示。

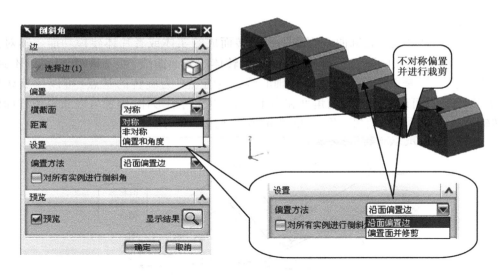

图 3.35　倒斜角指令

8. "螺纹"

"螺纹建模"指令主要用于圆孔和圆柱表面的螺纹创建,要求圆孔和圆柱有标准的底孔和圆柱直径,否则不会自动生成螺纹。有符号和详细两种建模形式,如图 3.36 所示。

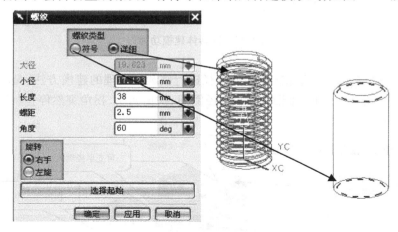

图 3.36　螺纹指令

【任务三】　轴类零件实体建模

【任务描述】

通过本任务的练习,运用 UG 实体建模功能,掌握圆柱体、坡口焊、键槽、平面、倒斜角等基本建模功能的用法,图 3.37 所示为轴类零件。

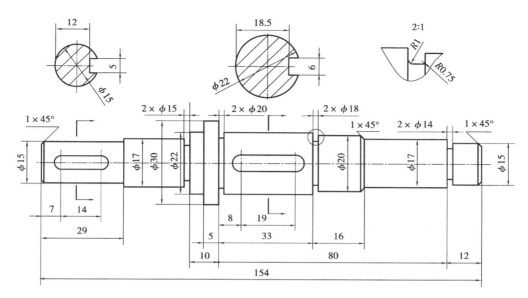

图 3.37　轴类零件

【活动一】　轴类零件实体建模

（1）单击"开始"—"程序"—"UGS NX 6.0"—"NX 6.0"进入 UGS 初始界面。单击"文件"—"新建"（快捷键 Ctrl + N）或者单击按钮，在"新文件名"—"名称"对话框中输入"zhouleilingjian"，单位为毫米，选择模型模板，单击"确定"进入 UGS NX6.0 建模模块界面，如图 3.38 所示。

图 3.38　创建文件

（2）单击"圆柱"按钮，选择"类型"为"轴、直径和高度"，"指定矢量"为 XC 轴，"指定点"为默认值或坐标系原点，指定"直径"为 15，"高度"为 29，单击"确定"按钮，如图 3.39 所示。

（3）单击"圆柱"按钮，选择"类型"为"轴、直径和高度"，"指定矢量"为 XC 轴，"指定点"为右侧端面圆心，指定"直径"为 17，"高度"为 23，"布尔"运算选择求和，单击"确定"按钮，如图 3.40 所示。

（4）重复前一步骤，建立其余 6 个圆柱，尺寸分别为直径 22，高度 5；直径 30，高度 5；直径 22，高度 33；直径 20，高度 16；直径 17，高度 31；直径 15，高度 12。结果如图 3.41 所示。

59

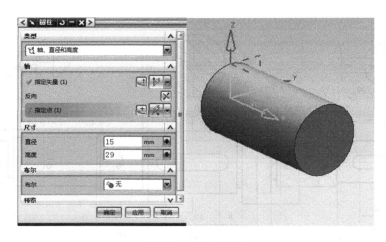

图 3.39　圆柱建模 1

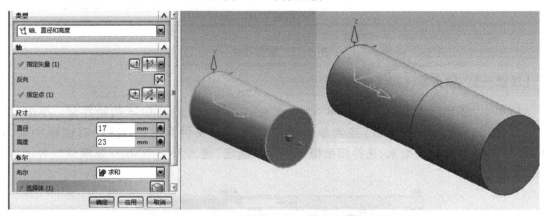

图 3.40　圆柱建模 2

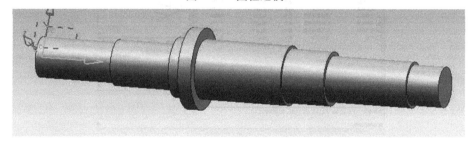

图 3.41　圆柱建模 3

（5）单击"坡口焊"按钮，选择"矩形"，单击图 3.41 所示圆柱面，输入"槽直径"为 15，"宽度"为 2，单击"确定"按钮，弹出"定位槽"对话框，单击 1 及 2 两处圆弧，输入"距离"为 21，单击"确定"按钮，产生矩形槽，如图 3.42、图 3.43 所示。

（6）重复前一步骤，单击"坡口焊"按钮，选择"矩形"，单击矩形槽所在圆柱面，分别输入槽直径 20、宽度 2，槽直径 18、宽度 2 和槽直径 14、宽度 2，在弹出的"定位槽"对话框中，分别选择圆柱端面圆及矩形槽端面圆，输入距离分别为 31,14 以及 10，最终得到如图 3.44 所示图形。

（7）单击"基准平面"按钮□，选择类型为按某一距离，选择平面参考为 XC-YC 平面，输入"距离"为 7.5，单击"确定"按钮，产生基准平面，如图 3.45 所示。

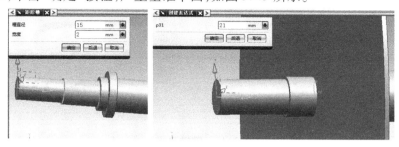

图 3.42　坡口焊建模

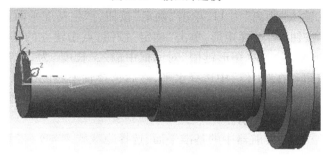

图 3.43　坡口焊建模结果

图 3.44　坡口焊建模

（8）单击"键槽"按钮，选择"矩形"，单击"确定"按钮，点击建立的基准平面，选择接受默认边，"水平参考"选择 XC 轴，在矩形键槽对话框中输入"长度"为 19，"宽度"为 5，"深度"为 3，单击"确定"按钮。在"定位"中选择水平，然后选择图 3.46 中 2 处圆弧，在弹出的设置圆弧位置对话框中选择"圆弧中心"，选择 1 处圆弧，单击"确定"按钮，并输入尺寸 8，单击"确定"按钮，产生键槽，如图 3.46 所示。

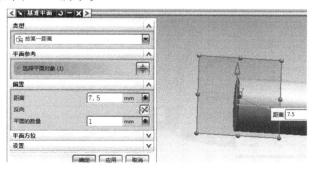

图 3.45　建立基准平面

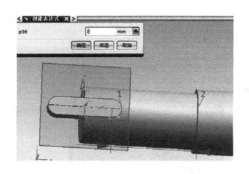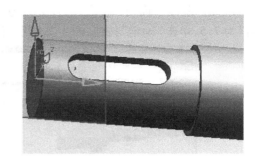

图 3.46　键槽建模

（9）重复前两个步骤，单击"基准平面"按钮□，选择"类型"为"按某一距离"，选择"平面参考"为 XC-YC 平面，输入"距离"为 11，单击"确定"按钮，产生基准平面。

（10）单击"键槽"按钮　，选择矩形，单击"确定"按钮，点击建立的基准平面，选择接受默认边，"水平参考"选择 XC 轴，在"矩形键槽"对话框中输入"长度"为 25，"宽度"为 6，"深度"为 3.5，单击"确定"按钮。在"定位"中选择水平，然后选择轴上右侧圆弧，在弹出的设置圆弧位置对话框中选择相切点，选择键槽上右侧圆弧，单击"确定"按钮，并输入尺寸 3，单击"确定"按钮，产生键槽，如图 3.47 所示。

（11）鼠标右键单击部件导航器中的基准平面，选择隐藏　　隐藏(H)，将基准平面隐藏。

（12）单击"倒斜角"按钮　，选择如图 3.48 所示 3 处圆弧，输入"距离"为 1，单击"确定"按钮，产生 3 处倒角。

图 3.47　键槽建模　　　　　　　　　　　　　　图 3.48　倒角

（13）单击"边倒圆"按钮　，选择如图 3.49 所示圆弧，输入半径为 0.75，单击"应用"。选择如图所示圆弧，输入半径为 1，单击"确定"按钮。轴类零件模型建立完成，如图 3.50 所示。

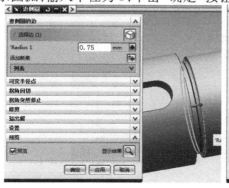

图 3.49　边倒圆

图 3.50　轴类零件建模结果

【活动二】　本活动所涉及的主要建模指令

1."坡口焊"

"坡口焊"用于用户在实体圆柱形或圆锥形面上创建一个槽,就好像一个成形工具在旋转部件上向内(从外部定位面)或向外(从内部定位面)移动,如同车削操作。"坡口焊"在选择该面的位置(选择点)附近创建并自动连接到选定的面上。

单击"特征"对话框中的"坡口焊"按钮,进入如图 3.51 所示的"坡口焊"对话框。

图 3.51　坡口焊对话框

2."圆柱体"

"圆柱体"是指以指定参数的圆为底面和顶面,具有一定高度的实体模型。圆柱体在工程设计中使用广泛,也是最基本的体素特征之一。用户在初级阶段学习中需要掌握好其操作方法。

创建圆柱体,执行"插入"—"设计特征"—"圆柱体"命令(或单击"特征"工具栏中"圆柱体"按钮),进入圆柱体对话框,如图 3.52 所示。图 3.53 所示为采用"轴、直径和高度"的方式创建圆柱,图 3.54 所示为采用"圆弧和高度"的方式创建圆柱。

图 3.52　圆柱对话框

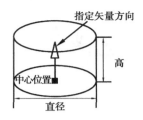

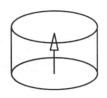

图 3.53　"轴、直径和高度"方式创建圆柱　　　　图 3.54　"圆弧和高度"方式创建圆柱

3. "键槽"

"键槽"是指创建一个直槽的通道穿透实体或通到实体内,在当前目标实体上自动执行求差操作。所有键槽类型的深度值均按垂直于平面放置面的方向测量。此工具可以满足建模过程中各种键槽的创建。键槽在机械工程中应用广泛,通常情况用于各种轴类、齿轮等产品上,起到轴向定位和传递扭矩的作用。

单击"特征"对话框中的"键槽"按钮 ,进入"键槽"对话框,如图 3.55 所示。图 3.56 所示为选择放置面,图 3.57 所示为创建矩形键槽。

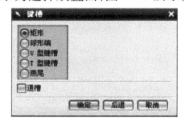

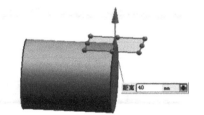

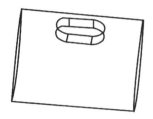

图 3.55　键槽对话框　　　　　图 3.56　选择放置面　　　　　图 3.57　创建矩形键槽

【任务四】　盘套类零件实体建模

【任务描述】

通过本任务的练习,运用 UG 实体建模功能,掌握圆柱体、实例特征、孔、边倒圆、布尔运算等基本建模功能的用法。图 3.58 所示为法兰盘。

【活动一】　盘套类零件实体建模

(1)单击"开始"—"程序"—"UGS NX 6.0"—"NX 6.0"进入 UGS 初始界面。单击"文件"—"新建"(快捷键 Ctrl + N)或者单击"新建"按钮 ,在"文件名"对话框中输入 pantaolei lingjian,单位为毫米,选择模型模板,单击"确定"进入 UGS NX6.0 建模模块界面。

(2)单击"圆柱"按钮 ,选择"类型"为轴、直径和高度,"指定矢量"为 ZC 轴,"指定点"为默认或坐标系原点,指定"直径"为 480,"高度"为 30,单击"确定",如图 3.59 所示。

(3)重复上一步骤,建立圆柱体。"指定矢量"为 ZC 轴,"指定点"为圆柱上表面中心。指定"直径"为 100,"高度"为 120,单击"确定"按钮,如图 3.60 所示。

(4)单击"求和"按钮 ,选择目标体与剪刀体,单击"确定",如图 3.61 所示。

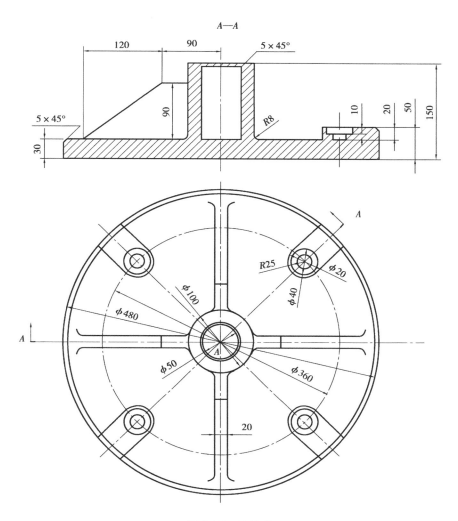

图 3.58 法兰盘

图 3.59 圆柱体建模

（5）单击"草图绘制"按钮 ，选择 ZC-XC 为草图平面，绘制如图 3.62 所示草图。单击"完成草图"按钮 ，返回实体建模空间。

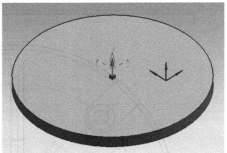

图 3.60　圆柱体建模

图 3.61　圆柱体求和

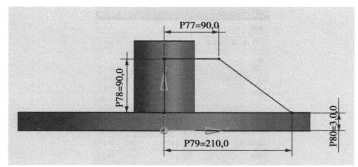

图 3.62　草图绘制

（6）单击"拉伸"按钮 ，选择曲线为前一步骤所绘制的草图，"指定矢量"为 YC 轴，拉伸参数如图 3.63 所示。

（7）单击特征操作中的"实例特征"按钮 ，选择"圆形阵列"，选择前一步骤拉伸实体，单击"确定"，设置圆形阵列参数，单击"确定"，如图 3.64 所示。

（8）单击"边倒圆"按钮 ，设置"半径"为8，选择如图3.65所示边线，进行边倒圆操作，单击"确定"。

图3.63 拉伸建模

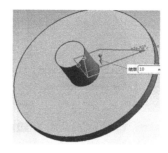

图3.64 圆形阵列

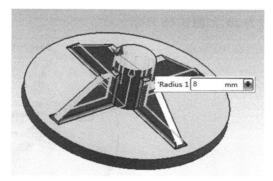

图3.65 边倒圆

（9）单击"孔"按钮 ，选择顶面，孔的位置为XC:0,YC:0,ZC:120，单击"完成草图"按钮 ，设置孔参数如图3.66所示。

图3.66 简单孔

（10）单击"草图"按钮![icon]，选择大圆柱上表面为草图绘制平面，绘制如图 3.67 所示草图。单击"完成草图"按钮![icon]，返回实体建模空间。

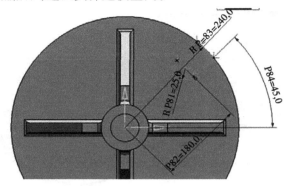

图 3.67　草图绘制

（11）单击"拉伸"按钮![icon]，选择曲线为前一步骤所绘制的草图，"指定矢量"为 ZC 轴，拉伸高度为 20，如图 3.68 所示。

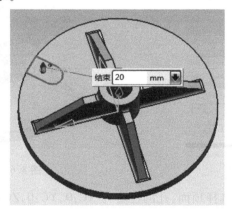

图 3.68　拉伸建模

（12）单击"孔"按钮![icon]，选择如图 3.69 所示 1 处圆弧，即捕捉圆心，设置孔参数为"直径"为 40，"深度"为 10，"角度"为 0，单击"确定"，完成孔建模，如图 3.69 所示。

（13）重复上一步骤，在孔底建立简单孔，孔的指定点选择如图 3.70 所示。参数设置为"直径"为 20，"深度"为 10，"角度"为 0，单击"确定"，完成简单孔建模。

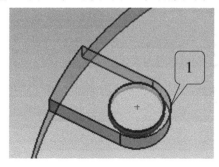

图 3.69　简单孔

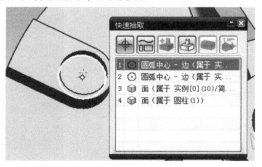

图 3.70　简单孔

（14）单击特征操作中的"实例特征"按钮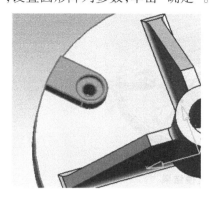，选择圆形阵列，选择如图 3.71 所示图形，单击"确定"，设置圆形阵列参数，单击"确定"。

图 3.71　圆形阵列

（15）单击"倒斜角"按钮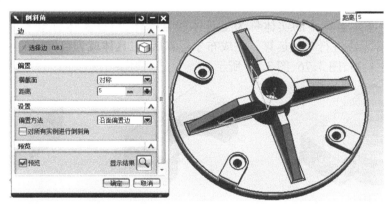，选择如图 3.72 所示边线，设置"距离"为 5，单击"确定"，如图 3.72 所示。

图 3.72　倒斜角

（16）重复前一步骤，选择如图 3.73 所示轮廓，设置"距离"为 5，单击确定。

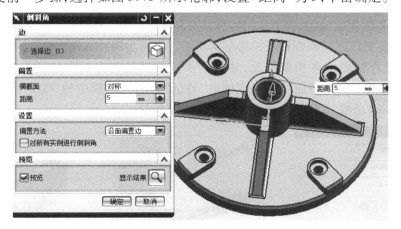

图 3.73　倒斜角

（17）单击"边倒圆"按钮 ，设置"半径"为8，选择圆柱凸台下边线，进行边倒圆操作，单击"确定"。然后隐藏其他图素，法兰盘建模完成，如图3.74所示。

图 3.74　法兰盘建模结果

【活动二】　本活动所涉及的主要建模指令

1."布尔运算""求和 "求差 "求交 "

"布尔运算"在实体建模中应用很多，用于实体建模中的各个实体之间的"求加""求差"和"求交"操作。布尔运算中的实体称为工具体和目标体，只有实体对象才可以进行布尔运算，曲线和曲面等无法进行布尔运算。完成布尔运算后，工具体成为目标体的一部分。三种布尔运算分别如图3.75、图3.76、图3.77所示。

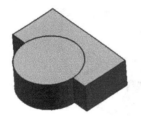

图 3.75　求和　　　　　　　　图 3.76　求差　　　　　　　　图 3.77　求交

2."实例特征"

"实体特征"是指根据已有特征进行阵列复制操作，避免对单一实体的重复性操作。因UG软件是通过参数化驱动的，各个实例特征具有相关性，类似于副本。可以编辑一个实例特征的参数，则那些更改将反映到特征的每个实例上。使用实例特征操作可以快速地创建特征，例如螺孔圆。另外创建许多相似特征，并用一个步骤就可将它们添加到模型中。执行"插入"—"关联复制"—"实例特征"命令（或单击"特征操作"工具栏中的"实例特征"按钮 ），进入"实例特征"对话框，如图3.78、图3.79、图3.80所示。

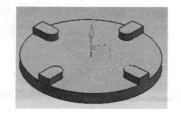

图 3.78　实例特征对话框　　　　　图 3.79　圆形阵列结果　　　　　图 3.80　矩形阵列结果

【任务五】　箱体类零件实体建模

【任务描述】

通过本任务的练习,运用 UG 草绘及实体建模功能,掌握拉伸、抽壳、镜像特征、实例特征、孔、边倒圆等基本建模功能的用法。图 3.81 所示为箱体类零件。

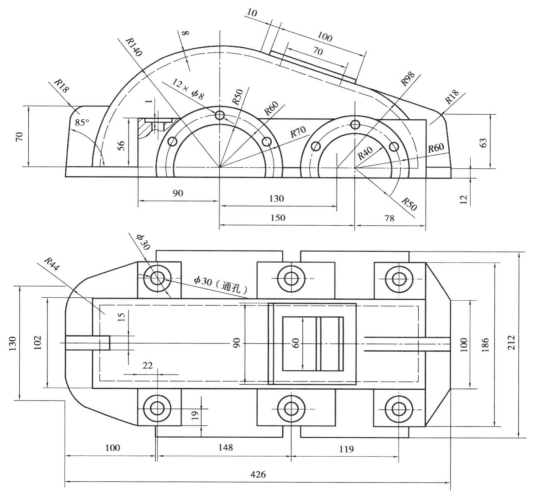

图 3.81　箱体类零件

【活动一】　箱体类零件实体建模

(1)单击“开始”—“程序”—“UGS NX 6.0”—“ NX 6.0”进入 UGS 初始界面。单击“文件”—“新建”(快捷键 Ctrl + N)或者单击按钮◻ ,在“名称”对话框中输入“xiangtileilingjian”,单位为毫米,选择“模型模板”,单击“确定”进入 UGS NX6.0 建模模块界面。

（2）单击"草图绘制"按钮，选择 ZC-YC 为草图平面，绘制如图 3.82 所示草图。单击"完成草图"按钮，返回实体建模空间。

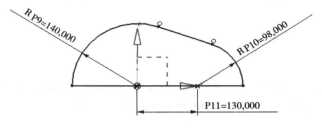

图 3.82　草图绘制

（3）单击"拉伸"按钮，选择曲线为前一步骤所绘制的草图，"指定矢量"为 XC 轴，拉伸参数如图 3.83 所示。

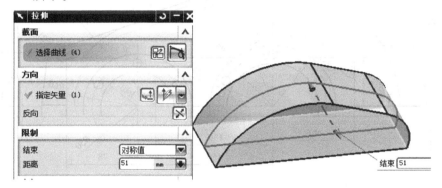

图 3.83　拉伸

（4）单击"抽壳"按钮，选择"移除面"为底面，设置"厚度"为 8，抽壳结果如图 3.84 所示，单击"确定"。

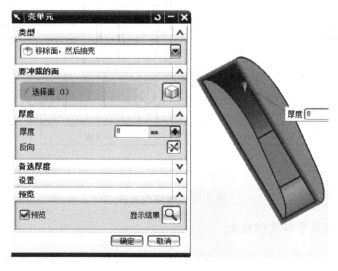

图 3.84　抽壳

（5）单击"草图绘制"按钮，选择拉伸实体侧面为草图平面，绘制如图 3.85 所示草图。

单击"完成草图"按钮 ，返回实体建模空间。

（6）单击"拉伸"按钮 ，选择曲线为前一步骤所绘制的草图，方向选择默认，拉伸结束距离设为 55，"布尔"为求和，结果如图 3.86 所示。

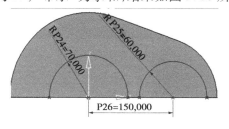

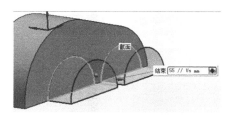

图 3.85　草图绘制　　　　　　　　　　　　图 3.86　拉伸

（7）单击"草图绘制"按钮 ，选择拉伸实体侧面为草图平面，绘制如图 3.87 所示草图。单击"完成草图"按钮 ，返回实体建模空间。

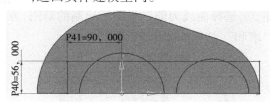

图 3.87　草图绘制

（8）单击"拉伸"按钮 ，选择曲线为前一步骤所绘制的草图，方向选择默认，拉伸结束距离设为 42，布尔为"求和"，结果如图 3.88 所示。

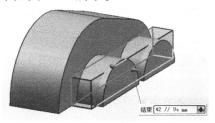

图 3.88　拉伸

（9）单击"镜像特征"按钮 ，选择第 6 及第 8 步产生的实体，单击"完整平面"按钮 ，类型选择"平分"，单击图 3.89 所示平面两侧平面，单击"确定"，回到镜像特征对话框，单击"确定"。

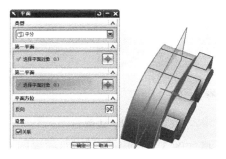

图 3.89　镜像特征

73

（10）单击"草图绘制"按钮 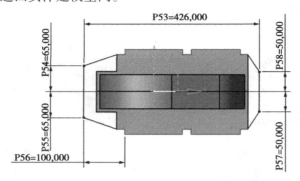，选择底面为草图平面，绘制如图 3.90 所示草图。单击"完成草图"按钮 ，返回实体建模空间。

图 3.90　草图绘制

（11）单击"拉伸"按钮 ，选择曲线为前一步骤所绘制的草图，方向选择 – Z（向下），拉伸结束距离设为 12，布尔为"求和"，结果如图 3.91 所示。

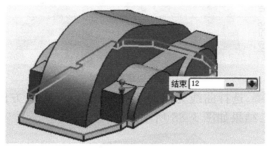

图 3.91　拉伸

（12）单击"边倒圆"按钮 ，设置半径为 44，选择如图 3.92 所示边线，进行边倒圆操作，单击"确定"。

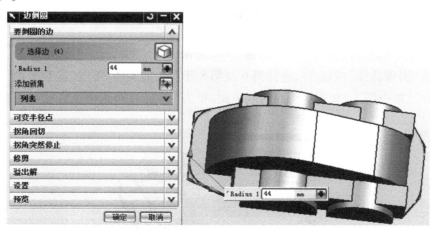

图 3.92　边倒圆

（13）单击"孔"按钮 ，选择如图 3.93 所示圆弧，即捕捉圆心，设置孔参数为"直径"100，"深度"为"贯通体"，"角度"为 0，单击"确定"，完成孔建模，如图 3.93 所示。

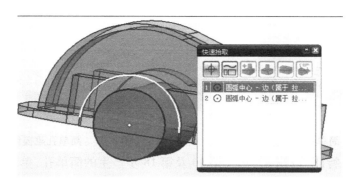

图3.93　简单孔

（14）重复前一步骤，单击"孔"按钮，选择如图3.94所示圆弧，即捕捉圆心，设置孔参数为"直径"80，"深度"为贯通体，"角度"为0，单击"确定"，完成孔建模，如图3.94所示。

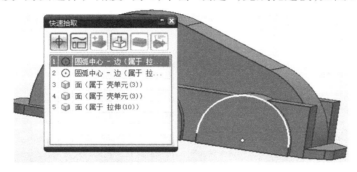

图3.94　简单孔

（15）单击"孔"按钮，位置一项选择"绘制截面"，单击"确定"，产生点，绘制如图3.95（a）所示草图，单击"确定"，设置孔参数为"直径"：8，"深度"：15，"角度"：118，单击"确定"，完成孔建模，如图3.95（b）所示。

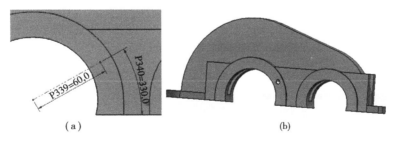

（a）　　　　　　　　　　　（b）

图3.95　简单孔

（16）单击特征操作中的"实例特征"按钮，选择"圆形阵列"，单击"确定"，设置圆形阵列参数，"数量"：3，"角度"：60，单击"确定"，得到3个简单孔。

（17）重复前两个步骤，位置一项选择"绘制截面"，单击"确定"，产生点，绘制如图3.96所示草图，单击"确定"，设置孔参数为"直径"：8，"深度"：15，"角度"：118，单击"确定"，完成孔建模，如图3.96所示。

（18）单击特征操作中的"实例特征"按钮，选择"圆形阵列"，单击"确定"，设置圆形阵列参数，"数量"：3，"角度"：60，单击"确定"，得到图3.97所示3个简单孔。

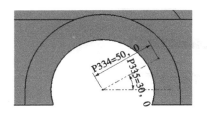

图 3.96　简单孔

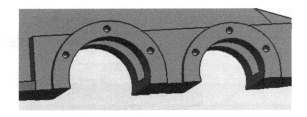

图 3.97　简单孔建模结果

（19）单击"镜像特征"按钮 ，选择第 16 及第 18 步产生的简单孔，单击"完整平面"按钮 ，"类型"选择"平分"，单击图 3.89 所示平面两侧平面，单击"确定"，回到镜像特征对话框，单击"确定"。

（20）单击"孔"按钮 ，位置一项选择"绘制截面"，单击"确定"，产生点，绘制如图 3.98 所示草图，单击"确定"，选择"成形"类型为"沉头孔"，设置孔参数为"沉头孔直径"：30，"沉头孔深度"：1，"直径"：13，"深度"：贯通体，单击"确定"，完成孔建模，如图 3.98 所示。

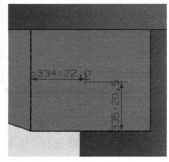

图 3.98　沉头孔

（21）单击特征操作中的"实例特征"按钮 ，选择"矩形阵列"，单击"确定"，设置矩形阵列参数，如图 3.99 所示，单击"确定"。

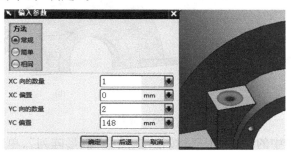

图 3.99　矩形阵列

（22）重复前一操作，单击特征操作中的"实例特征"按钮 ，选择矩形阵列，单击"确定"，设置矩形阵列参数，XC 向数量为 1，XC 偏置为 0，YC 向数量为 2，YC 向偏置为 267，单击"确定"，并对 3 个沉头孔进行镜像。

（23）单击"草图绘制"按钮 ，选择 XC-ZC 平面为草图平面，绘制如图 3.100 所示草图。单击"完成草图"按钮 ，返回实体建模空间。

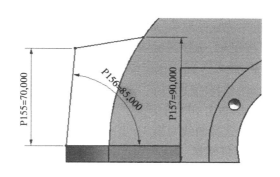

图 3.100　草图绘制

（24）单击"拉伸"按钮▣，选择曲线为前一步骤所绘制的草图，方向选择默认，拉伸距离设为"对称值"：7.5，"布尔"为求和，结果如图 3.101 所示。

（25）单击"边倒圆"按钮▣，设置"半径"为 18，选择如图 3.102 所示边线，进行边倒圆操作，单击"确定"。

（26）单击"孔"按钮▣，位置一项选择前一操作产生的圆弧，设置孔参数为"直径"：18，"深度"：贯通体，单击"确定"，完成孔建模，如图 3.103 所示。

图 3.101　拉伸　　　　　图 3.102　边倒圆　　　　　图 3.103　简单孔

（27）单击"草图绘制"按钮▣，选择 XC-ZC 平面为草图平面，绘制如图 3.104 所示草图。单击"完成草图"按钮▣，返回实体建模空间。

（28）单击"拉伸"按钮▣，选择曲线为前一步骤所绘制的草图，方向选择默认，拉伸距离设"对称值"：为 7.5，"布尔"为求和，结果如图 3.105 所示。

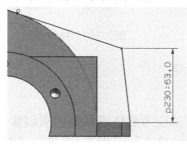

图 3.104　草图绘制　　　　　　　图 3.105　拉伸

（29）单击"边倒圆"按钮▣，设置"半径"为 18，进行边倒圆操作，单击"确定"。

（30）单击"孔"按钮▣，位置一项选择前一操作产生的圆弧，设置孔参数为"直径"：18，

"深度":贯通体,单击"确定",完成孔建模,如图 3.106 所示。

(31)单击"草图绘制"按钮,选择图示实体上表面为草图平面,绘制如图 3.107 所示草图。单击"完成草图"按钮，返回实体建模空间。

(32)单击"拉伸"按钮，选择曲线为前一步骤所绘制的草图,拉伸"结束"距离设为 5,方向向上,"布尔"为求和,结果如图 3.108 所示。

(33)单击"拉伸"按钮，选择曲线为第 31 步所绘制的草图,拉伸参数设置如图 3.109 所示,"布尔"为求差,完成箱体零件建模。

图 3.106　简单孔

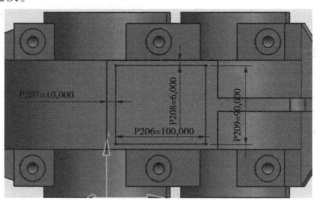

图 3.107　草图绘制

图 3.108　拉伸

图 3.109　拉伸参数

【活动二】　本活动所涉及的主要建模指令

1."抽壳"

"抽壳"是指按照指定的厚度将实体模型抽空为腔体或在其四周创建壳体。可以指定个别不同的厚度到表面并移去个别表面。执行"插入"—"偏置/缩放"—"抽壳"命令(或单击"特征操作"工具栏中的"抽壳"按钮)，进入"抽壳"对话框,如图 3.110 所示。

2."镜像特征"

"镜像特征"选项用于将选定的特征通过基准平面或平面生成对称的特征。在 UG 建模中

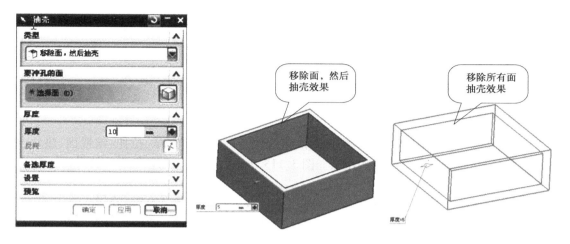

图 3.110　抽壳对话框

使用广泛,可以提高建模效率。执行"插入"—"关联复制"—"镜像特征"命令(或单击"特征操作"工具栏中的"镜像特征"按钮),进入"镜像特征"对话框,如图 3.111 所示。

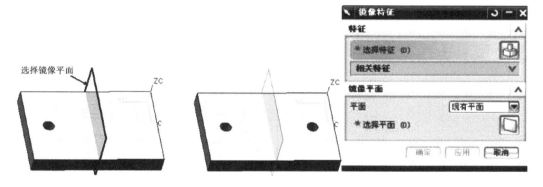

图 3.111　镜像特征对话框

3."镜像体"

"镜像体"选项用于镜像整个体。与"镜像特征"不同的时,后者是镜像体上的一个或多个特征。执行"插入"—"关联复制"—"镜像体"命令(或单击"特征操作"工具栏中的"镜像体"按钮),进入"镜像体"对话框,如图 3.112 所示。

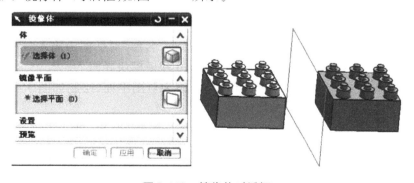

图 3.112　镜像体对话框

【任务六】　玩具飞机实体建模

【任务描述】

通过本任务的练习,运用 UG 草绘及实体建模功能,掌握回转、球、拉伸、偏置面、垫块、抽壳、镜像特征、边倒圆等建模功能的用法。图 3.113 所示为玩具飞机建模。

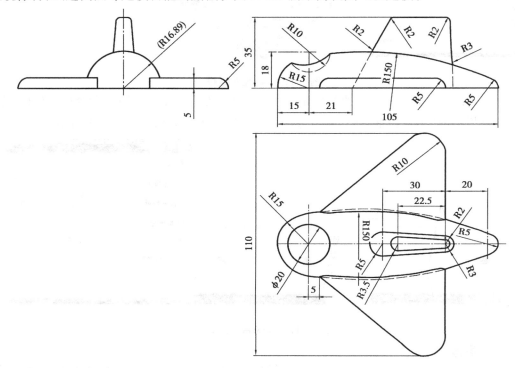

图 3.113　玩具飞机建模

【活动一】　玩具飞机实体建模

(1)单击"开始"—"程序"—"UGS NX 6.0"—"NX 6.0"进入 UGS 初始界面。单击"文件"—"新建"(快捷键 Ctrl + N)或者单击"☐"按钮,在"名称"对话框中输入"wanjufeiji",单位为毫米,选择模型模板,单击"确定"进入 UGS NX6.0 建模模块界面。

(2)单击"草图绘制"按钮⿰,选择 XC-YC 平面为草图平面,绘制如图 3.114 所示草图。单击"完成草图"按钮✖✖✖✖,返回实体建模空间。

(3)选择"回转"按钮⿰,选择所画草图线框,"指定矢量"为 XC 轴,"指定点"为默认(或为0,0,0),"开始角度"为 0,"结束角度"为 180,"布尔"为无,单击"确定",如图 3.115 所示。

(4)单击"球"按钮⿰,设置"球心坐标"为(15,0,18),"直径"为 20,"布尔"为求差,单击"确定",得到如图 3.116 所示结果。

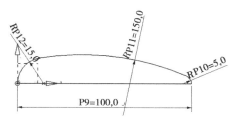

图 3.114　草图绘制

图 3.115　回转建模

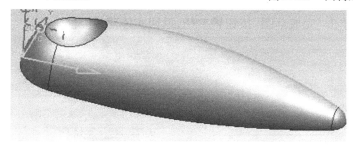

图 3.116　球面建模

（5）单击"草图绘制"按钮 ，选择底面为草图平面，绘制如图 3.117 所示草图。单击"完成草图"按钮 ，返回实体建模空间。

（6）单击"拉伸"按钮 ，选择曲线为前一步骤所绘制的草图，拉伸"结束"距离设为 5，"布尔"为无，结果如图 3.118 所示。

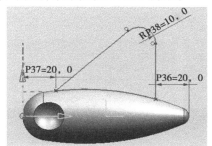

图 3.117　草图绘制

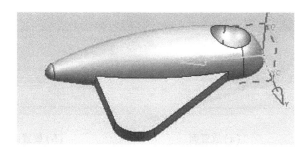

图 3.118　拉伸

（7）单击"偏置面"按钮 ，选择如图 3.119 所示平面，"偏置"距离设为 5，单击"确定"。

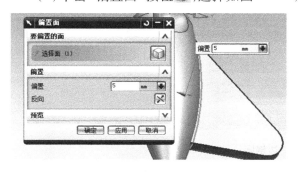

图 3.119　偏置面

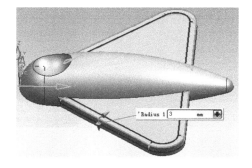

图 3.120　边倒圆

（8）单击"镜像特征"按钮 ，选择第 6 及第 7 步产生的拉伸实体及偏置面，设置镜像平面

81

为 XC-ZC 基准平面,单击"确定"。

(9)单击布尔运算"求和"🔧,选择 3 个实体,单击"确定"。

(10)单击"边倒圆"按钮🗔,设置"半径"为 5,选择如图 3.120 所示边线,进行边倒圆操作,单击"确定"。

(11)单击"基准平面"按钮🗔,类型选择为按某一距离,平面参考选择 XC-YC 平面,距离为 35,单击"确定"。

(12)单击"草图绘制"按钮🗔,选择前一步骤绘制的基准平面为草图平面,绘制如图 3.121 所示草图。单击"完成草图"按钮🗔,返回实体建模空间。

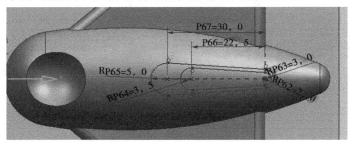

图 3.121　草图绘制

(13)单击"垫块"按钮🗔,选择"常规","放置面"选择飞机上表面,如图 3.122(a)所示,"放置面轮廓"选择如图 3.122(b)所示,"顶面过滤器"选择为基准平面,选择顶部基准平面,"顶面轮廓"选择如图 3.122(c)所示,"目标体"选择建立的飞机机身,单击"确定"。

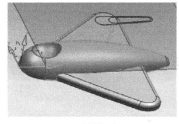  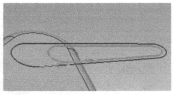

(a)放置面　　　　　　　　(b)放置面轮廓　　　　　　　　(c)顶面轮廓

图 3.122　尾部垫块

(14)单击"边倒圆"按钮🗔,设置"半径"为 1.5,进行边倒圆操作,单击"确定",如图 3.123 所示。

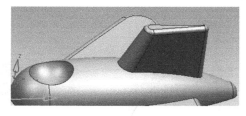

图 3.123　边倒圆

(15)单击"边倒圆"按钮🗔,设置"半径"为 2,在如图 3.124 所示位置增加"可变半径点","半径"为 3,进行边倒圆操作,单击"确定"。

（16）隐藏其他图素，玩具飞机建模完成，如图 3.125 所示。

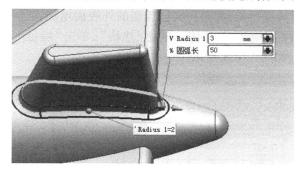

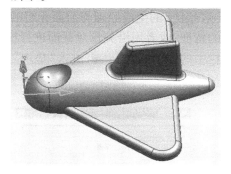

图 3.124　边倒圆　　　　　　　　　　图 3.125　玩具飞机建模结果图

【活动二】　本活动所涉及的主要建模指令

1．"球"

"球体"特征主要是构造球形实体。执行"插入"—"设计特征"—"球体"命令（或单击"特征"工具栏中"球体"按钮 ），进入"球体"对话框，如图 3.126 所示。

图 3.126　球体对话框

2．"偏置面"

使用"偏置面"命令可以沿面的法向偏置一个或多个面。可以使用选择意图来选择要偏置的面。如果体不更改，可以根据正的或负的距离值偏置面。正的偏置距离沿垂直于面而指向远离实体方向的矢量测量。创建"偏置面"，单击"插入"工具栏中的"偏置/比例"按钮，选择"偏置面"，进入"偏置面"对话框，如图 2.127 所示。

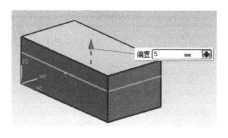

图 3.127　偏置面对话框

3."垫块"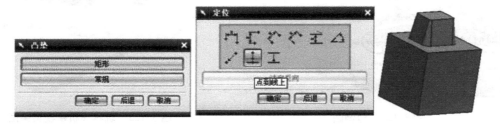

"垫块"的生成原理与前面介绍的"凸台"特征相似,都是向实体模型的外表面增加实体形成的特征;或者用沿矢量对截面进行投影生成的面来修改片体。创建"垫块",单击"特征"工具栏中的"垫块"按钮 ,进入"垫块"对话框,如图 3.128 所示。

图 3.128　垫块对话框

【任务七】　洗发水瓶瓶嘴实体建模

【任务描述】

通过本任务的练习,运用 UG 草绘及实体建模功能,掌握拉伸、螺纹、沿导线扫掠、抽壳、边倒圆等建模功能的用法。图 3.129 所示为洗发水瓶瓶嘴零件图。

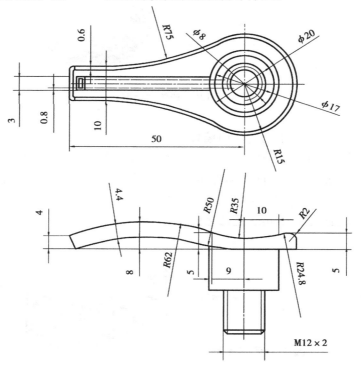

图 3.129　洗发水瓶瓶嘴零件图

【活动一】　洗发水瓶瓶嘴实体建模

（1）单击"开始"—"程序"—"UGS NX 6.0"—"NX 6.0"进入 UGS 初始界面。单击"文件"—"新建"（快捷键 Ctrl + N）或者单击"▯"按钮,在"名称"对话框中输入"xifashuiping-zhui",单位为毫米,选择模型模板,单击"确定"进入 UGS NX6.0 建模模块界面。

（2）单击"草图绘制"按钮▯,选择 XC-YC 平面为草图平面,绘制如图 3.130 所示的草图。单击"完成草图"按钮▯,返回实体建模空间。

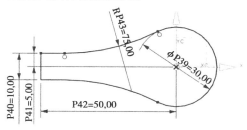

图 3.130　草图绘制

（3）单击"拉伸"按钮▯,选择曲线为前一步骤所绘制的草图,拉伸"结束"距离设为 12.2,结果如图 3.131 所示。

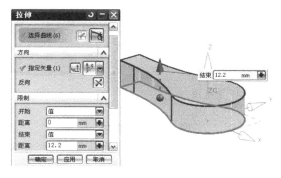

图 3.131　拉伸

（4）单击"草图绘制"按钮▯,选择 XC-ZC 平面为草图平面,绘制如图 3.132 所示草图。单击"完成草图"按钮▯,返回实体建模空间。

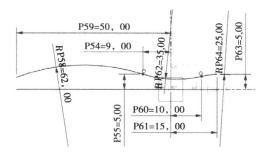

图 3.132　绘制草图

（5）单击"拉伸"按钮▯,选择曲线为前一步骤所绘制的草图,拉伸"结束"距离设为对称值 20,"布尔"为"无",结果如图 3.133 所示。

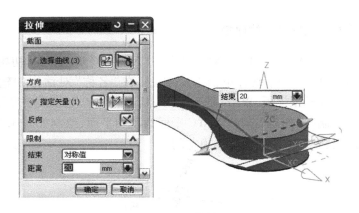

图 3.133　拉伸

（6）单击"修剪体"功能按钮 ，选择拉伸实体，再选择拉伸片体，注意箭头向上，结果如图 3.134 所示。

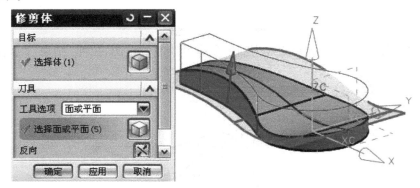

图 3.134　修剪体

（7）单击"草图绘制"按钮 ，选择 XC-ZC 平面为草图平面，绘制如图 3.135 所示草图。单击"完成草图"按钮 ，返回实体建模空间。

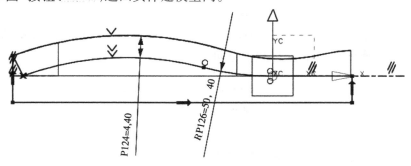

图 3.135　绘制草图

（8）单击"拉伸"按钮 ，选择曲线为前一步骤所绘制的草图，拉伸"结束"距离设为对称值 20，"布尔"为"求差"，结果如图 3.136 所示。

（9）单击边"倒圆"按钮 ，设置"半径"为 2，在如图 3.137 所示位置（左端）增加"可变半径点"，"半径"为 2.6，进行边倒圆操作，单击"确定"。

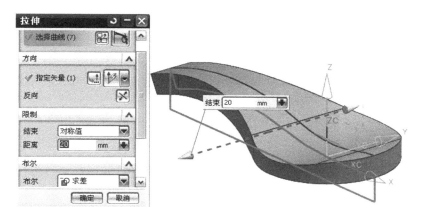

图 3.136　拉伸求差

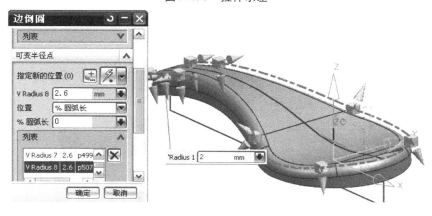

图 3.137　边倒圆

（10）单击"抽壳"按钮，选择移除面，设置"厚度"为 0.6，抽壳结果如图 3.138 所示，单击"确定"。

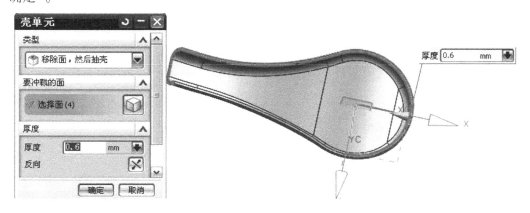

图 3.138　抽壳

（11）单击"草图绘制"按钮，选择 XC-YC 平面为草图平面，绘制如图 3.139 所示草图。单击"完成草图"按钮，返回实体建模空间。

（12）单击"拉伸"按钮，选择曲线为前一步骤所绘制的草图，拉伸"结束"距离设为 12，开始设置为"直到被延伸","布尔"为"求和",单击"确定",结果如图 3.140 所示。

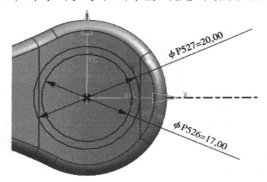

图 3.139　草图绘制

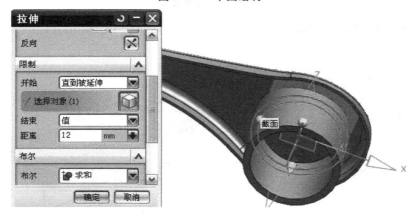

图 3.140　拉伸求和

（13）单击"草图绘制"按钮![按钮],选择 XC-YC 平面为草图平面,绘制如图 3.141 所示草图。单击"完成草图"按钮![按钮],返回实体建模空间。

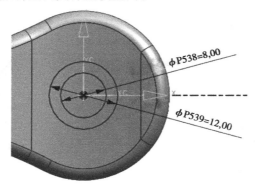

图 3.141　草图绘制

（14）单击"拉伸"按钮![按钮],选择曲线为前一步骤所绘制的草图,拉伸"结束"距离设为 25,"开始"设置为"直到被延伸","布尔"为"求和",结果如图 3.142 所示。

（15）单击"倒斜角"按钮![按钮],选择拉伸圆柱边线,设置"距离"为 1,单击"确定",如图 3.143 所示。

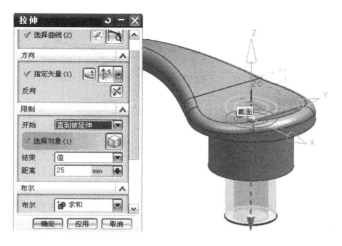

图 3.142　拉伸求和

图 3.143　倒角

（16）单击"螺纹功能"工具▤，螺纹"类型"选择"详细的"，选择拉伸圆柱体外表面为螺纹面，圆柱下端面为螺纹起始面，"长度"为15，"螺距"为2，"角度"为60，进行外孔螺纹建模，设置"螺距"为2.0，结果如图3.144所示。

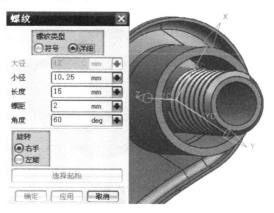

图 3.144　螺纹建模

（17）单击"草图绘制"按钮▧，选择 XC-ZC 平面为草图平面，绘制如图3.145所示草图。单击"完成草图"按钮▨，返回实体建模空间。

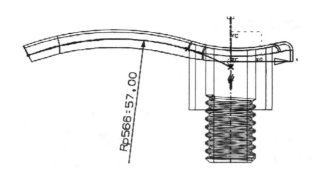

图 3.145　草图绘制

（18）单击"基准平面"按钮🔲，"类型"选择为"在曲线上"，选择上一步绘制的草图曲线端面，创建法线平面，如图 3.146 所示。

（19）单击"草图绘制"按钮🔲，选择上一步创建的基准平面，用"矩形"功能绘制如图 3.147 所示草图。单击"完成草图"按钮🔲，返回实体建模空间。

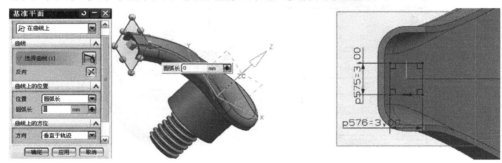

图 3.146　建立法向基准平面　　　　　　　　　图 3.147　草图绘制

（20）单击"边倒圆"按钮🔲，设置"半径"为 1，选择圆柱与底面交线，进行边倒圆操作，单击"确定"，如图 3.148 所示。

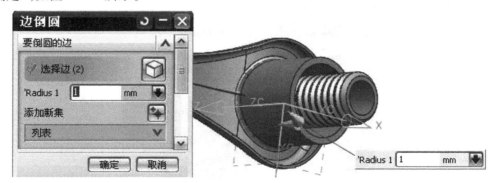

图 3.148　边倒圆

（21）单击"沿引导线扫掠"按钮🔲，设置"第一偏置"为 -0，"第二偏置"为 0，"布尔"为求差，如图 3.148 所示，单击"确定"，如图 3.149 所示。

（22）单击"沿引导线扫掠"按钮🔲，设置"第一偏置"为 -0.5，"第二偏置"为 0，"布尔"为求和，如图 3.150 所示，单击"确定"。

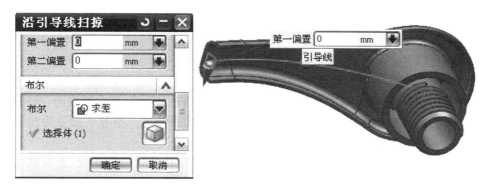

图 3.149　沿引导线扫掠-求差

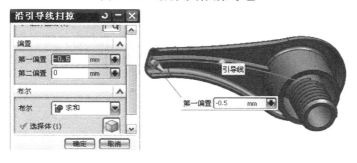

图 3.150　沿引导线扫掠-求和

（23）单击"拉伸"按钮██，选择曲线为 8 mm 的圆孔边缘，拉伸"结束"距离设置为"直到被延伸"，"布尔"为求差，结果如图 3.151 所示。

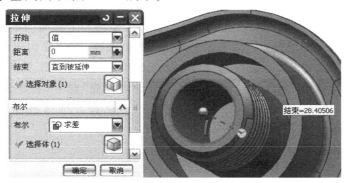

图 2.151　拉伸求差

（24）隐藏其他图素，洗发水瓶瓶嘴建模完成，如图 3.152 所示。

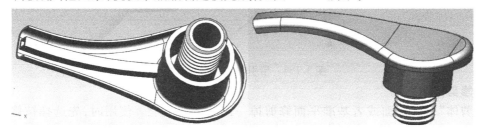

图 3.152　洗发水瓶瓶嘴建模结果

91

【活动二】 本活动所涉及的主要建模指令

1. "基准平面" 🔲

"基准平面"是实体建模中经常使用的辅助平面,通过使用基准平面,可以在非平面上方便地创建特征,或为草图提供草图工作平面位置。如借助基准平面,可在圆柱面、圆锥面、球面等不易创建特征的表面上方便地创建孔、键槽等复杂形状的特征。基准平面分为相对平面基准平面和固定基准平面两种。

"相对基准平面":根据模型中的其他对象而创建,可使用曲线、面、边缘、点及其他基准作为基准平面的参考对象。与模型中其他对象(如曲线、面或其他基平面)关联,并受其关联对象的约束。

"固定基准平面":没有关联对象,即以坐标(WCS)产生,不受其他对象的约束。可使用任意相对基准平面,取消选择基准平面对话框中的"关联"选项方法创建固定基准平面。用户还可根据 WCS 和绝对坐标系,并通过使用方程中的系数,使用一些特殊方法创建固定基准平面,如图 3.153 所示。

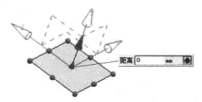

图 3.153　以 XC-YC 建立基准平面

2. "沿引导线扫掠" 🖼️

"沿引导线扫掠"与前面介绍的拉伸和回转类似,也是将一个截面图形沿引导线运动来创造实体特征。此选项允许用户通过沿着由一个或一系列曲线、边或面构成的引导线串(路径)拉伸开放的或封闭的边界草图、曲线、边缘或面来创建单个实体。该工具在创建扫描特征时应用非常广泛和灵活。执行"插入"—"扫掠"—"沿引导线扫掠"命令(或单击"特征"工具栏中的"沿引导线扫掠"按钮 🖼️),进入"沿轨迹扫掠"对话框。选择截面曲线和引导线,如图3.154 所示。

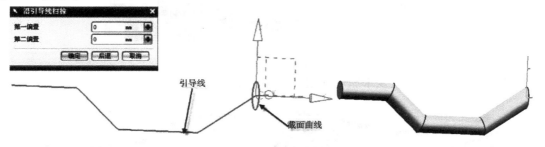

图 3.154　沿引导线扫掠对话框

3. "修剪体" 🖼️

"修剪体"是使用面或者基准平面修剪掉一部分体的功能。使用时,先选择被修剪的实体,再选择"刀具"曲面或者平面。注意箭头方向(箭头指向的部分将被剪除),单击"确定"即可,如图 3.155 所示。

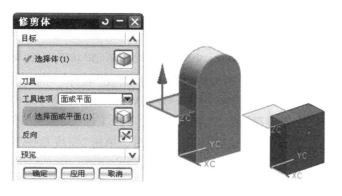

图 3.155　修剪体功能

【任务八】　鼠标壳实体建模

【任务描述】

通过本任务的练习,运用 UG 草绘及实体建模功能,掌握拉伸、拔模、边倒圆、抽壳、修剪体、图层设置等建模功能的用法。图 3.156 所示为鼠标壳零件图。

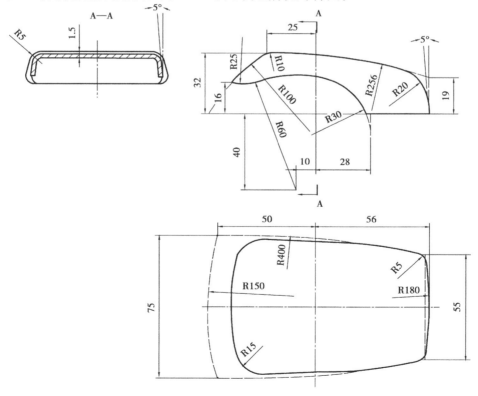

图 3.156　鼠标壳零件图

【活动一】 鼠标壳实体建模

（1）单击"开始"—"程序"—"UGS NX 6.0"—"NX 6.0"进入 UGS 初始界面。单击"文件"—"新建"（快捷键 Ctrl + N）或者单击"新建"按钮，在"名称"对话框中输入"shubiaoke"，单位为毫米，选择模型模板，单击"确定"进入 UGS NX6.0 建模模块界面。

（2）选择"格式"—"图层设置"，设置图层 2 为草图工作层，单击"草图"功能按钮，选择 XC-YC 平面为草图平面，绘制如图 3.157 所示草图。单击"完成草图"按钮，返回实体建模空间。

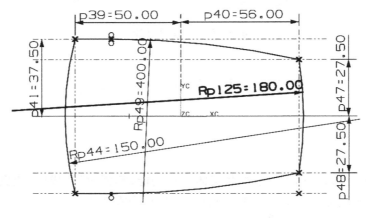

图 3.157 草图

（3）选择"格式"—"图层设置"，设置图层 1 为实体工作层，单击"拉伸"特征按钮，选择曲线为前一步骤所绘制的草图，拉伸"结束"距离设为 35 mm，"布尔"为"无"，"体类型"为实体，结果如图 3.158 所示。

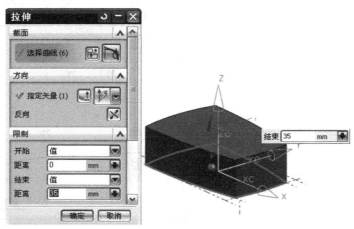

图 3.158 拉伸实体

（4）选择"格式"—"图层设置"，设置图层 2 为草图工作层，单击"草图绘制"按钮，选择 XC-ZC 平面为草图平面，绘制如图 3.159 所示草图。单击"完成草图"按钮，返回实体建模空间。

（5）选择"格式"—"图层设置"，设置图层 3 为片体工作层，选择"拉伸"特征按钮，选择曲线为前一步骤所绘制的草图的上面两条直线,拉伸"结束"距离设为对称 50 mm,布尔为无,结果如图 3.160 所示。

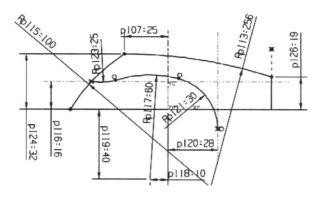

图 3.159　草图

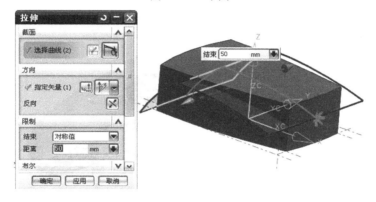

图 3.160　拉伸

（6）选择"格式"—"图层设置",设置图层 1 为工作层,选择"修剪体"功能按钮,选择拉伸实体,单击鼠标中键,再选择拉伸片体,注意箭头向上,单击"确定",结果如图 3.161所示。

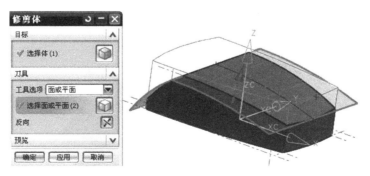

图 3.161　修剪体

（7）选择"格式"—"图层设置",设置图层 3 为工作层,选择"拉伸"特征按钮,选择曲线为前一步骤所绘制的草图的下面 3 条直线,拉伸"结束"距离设为对称 50 mm,"布尔"为无,结果如图 3.162 所示。

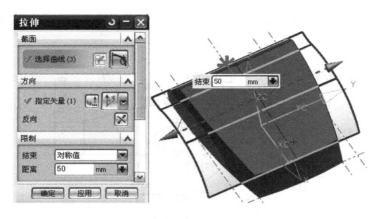

图 3.162　拉伸片体

（8）选择"格式"—"图层设置"，设置图层 1 工作层，选择"修剪体"功能按钮，选择拉伸实体，单击鼠标中键，再选择拉伸片体，注意箭头向下，单击"确定"，结果如图 3.163 所示。

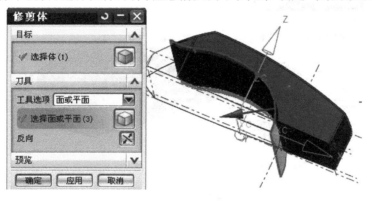

图 3.163　修剪体

（9）单击"拔模"功能按钮，选择 Z 轴为"脱模方向"，下表面为"固定面"，选择前后壁面及右边面为"要拔模的面"，"角度"为 5。单击"确定"，如图 3.164 所示。

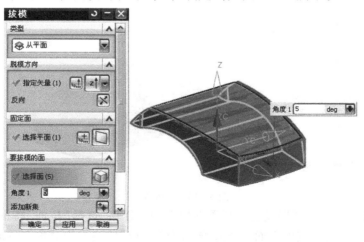

图 3.164　拔模

（10）单击"边倒圆"功能按钮 ，选择拔模实体右边的边缘线，输入"半径"为 20 mm，单击"确定"，结果如图 3.165 所示。

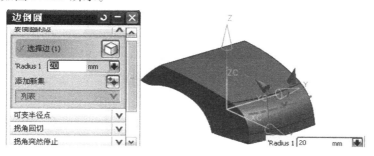

图 3.165　边倒圆

（11）单击"边倒圆"功能按钮 ，选择拔模实体左边的 2 条边缘线，输入"半径"为 15 mm，单击"确定"，结果如图 3.166 所示。

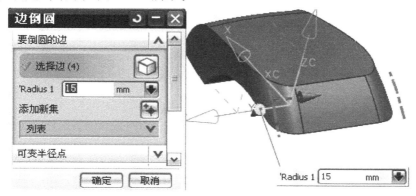

图 3.166　边倒圆

（12）单击"边倒圆"功能按钮 ，选择拔模实体上边的边缘线，用可变半径倒圆，分别输入"半径"为 5 mm 和 10 mm，单击"确定"，结果如图 3.167 所示。

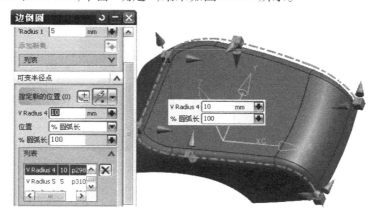

图 3.167　可变半径倒圆

（13）单击"抽壳"按钮 ，选择下表面为移除面，设置厚度为 1 mm，抽壳结果如图 3.168 所示，单击"确定"。

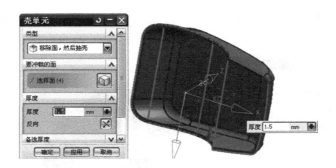

图 3.168 抽壳

(14)选择"格式"—"图层设置",设置图层 1 工作层,其他图层设置为不可见,结果如图 3.169 所示。

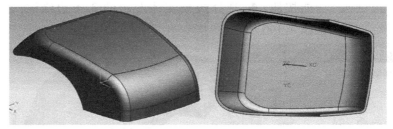

图 3.169 鼠标壳体

【活动二】 本活动主要建模指令

1."拔模"

"拔模"特征操作功能是通过改变相对于拔模方向的角度来修改小平面,对于注塑类模具产品,为了保证产品顺利脱模,要求零件具有一定的拔模斜度,此时便可使用拔模功能改变没有拔模斜度的零件模型。

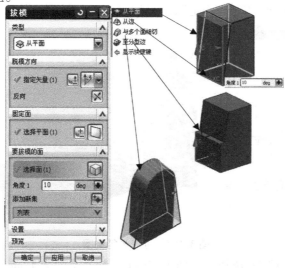

图 3.170 拔模

"拔模"特征操作有四种常见的使用方法（见图3.170）。

1）"⬦ 从平面"

该功能是选择一个拔模方向（可以是矢量轴、实体或者曲面的边、面），再选择一个固定的面，最后选择需要拔模的面，输入拔模角度即可。

2）"⬦ 从边"

该功能是选择一个拔模方向（可以是矢量轴、实体或者曲面的边、面），再选择一个固定的边，输入拔模角度即可。

3）"⬦ 至分型边"

该功能是选择一个拔模方向（可以是矢量轴、实体或者曲面的边、面），再选择一个固定的面，最后选择需要拔模的边（该边是分型线），输入拔模角度即可。

4）"⬦ 与多个面相切"

该功能是选择一个拔模方向（可以是矢量轴、实体或者曲面的边、面），再选择相切的面，输入拔模角度即可。

2．图层

"图层"功能是为了方便图素管理而专门设置的实用工具，运用图层可以将草图、曲线、片体、实体等类型的图素归入统一的图层中，便于管理和操作，以提高绘图效率。

选择"格式"—"⬦ 图层设置"，在"工作图层"中输入数字，以后所画的图素都将在所输入的图层中。也可以去掉图层名称前面的钩，将所在的图层隐藏，如图3.171所示。也可以运用实用工具按钮，将选定的图素移动或者复制到需要的图层，如图3.172所示。

图3.171　图层设置

图3.172　图层实用工具条

学 习 方 法

（1）在重点掌握成形特征和特征操作功能的各个工具的具体用法的基础上，仔细观察教师的讲解、演示，做好课堂笔记；然后在上机操作过程中，以教材和多媒体视频为参照，完成每一个项目任务的练习，应该把每个任务练习2遍以上，以达到巩固的目的。

（2）学习过程中，要认真体会各个实例，把特征建模和特征操作中的各个建模功能指令琢磨透彻，除了书上和教师所讲的方法外，运用自己的思路进行建模，培养自己的创造力和应用知识的能力。

（3）注重草绘、基准面、点构造器、矢量构造器、捕捉等功能在建模中的运用。

知 识 扩 展

1.编辑特征

"编辑特征"功能是对构成模型的各个特征进行参数修改、位置调整、各个特征的前后位置排序等操作的一系列功能指令，如图3.173所示。

图 3.173　编辑特征

1）"编辑特征参数"

"编辑特征参数"功能可以对已经创建的特征进行参数调整，以适应建模的需要。如鼠标建模的"编辑特征参数"应用：单击功能按钮 ，选择"边倒圆（12）"特征，然后调整各个半径大小，单击"确定"即可，如图3.174所示。

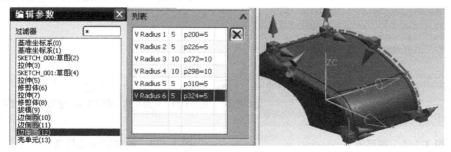

图 3.174　编辑特征参数

2)"编辑位置"

"编辑位置"功能可以将某些特征的建模位置得到重新定位和调整,以适应建模的修改需要,如图 3.175 所示为"简单孔(5)"的位置调整。

图 3.175　编辑位置

3)"特征重排序"

"特征重排序"可以调整各个特征的先后秩序。单击按钮 ,选择"参考特征"(如图 3.176 中的"边倒圆(5)"),再选择"重定位特征"(如图 3.176 中的"壳单元(6)"),选择方法为"在前面",单击"确定",结果如图 3.176 所示。

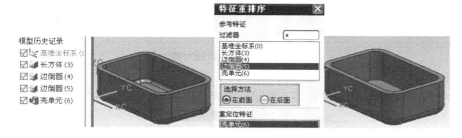

图 3.176　特征重排序

2."缩放体"

"缩放体"功能是对一个实体按比例进行缩小放大的操作。"缩放体"功能有均匀、轴对称、常规等几个选项。

1)均匀

"均匀"是按一个指定点为基准参考点来进行缩放,如图 3.177 所示。

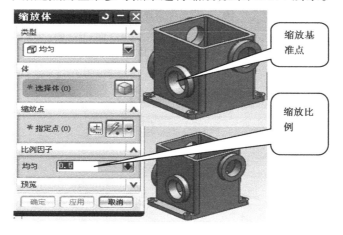

图 3.177　缩放体-均匀

2）轴对称

轴对称是按一个指定的轴向为缩放方向来进行缩放，如图 3.178 所示。

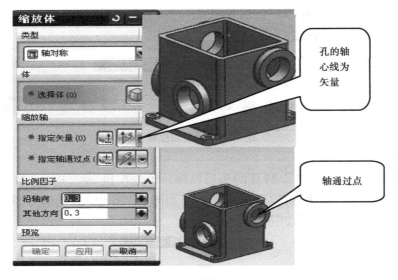

图 3.178　缩放体-轴对称

3）常规

按三个坐标轴向为缩放方向和定义缩放比例来进行缩放，如图 3.179 所示。

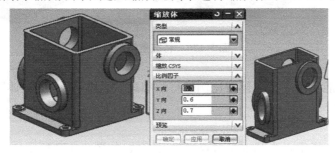

图 3.179　缩放体-常规

3."修补"

"修补"功能可以将实体中的部分表面替换成片体面,也可以用一个片体修补另一个片体,如图 3.180 所示。

图 3.180　修补

4."包裹几何体"

"包裹几何体"功能能将选定的实体用多面体进行包裹,如图3.181所示。

图3.181 包裹几何体

习 题

根据前面所学的建模功能指令将下列零件图(图3.182—图3.197)用 UG 绘制成三维实体模型。

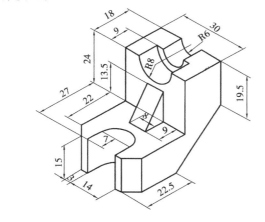

图3.182 习题1

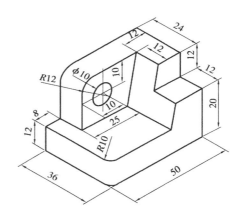

图3.183 习题2

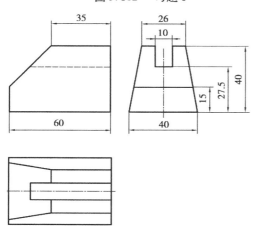

图3.184 习题3

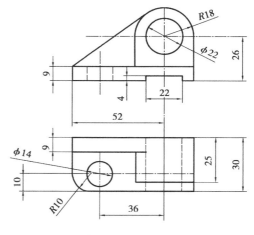

图3.185 习题4

103

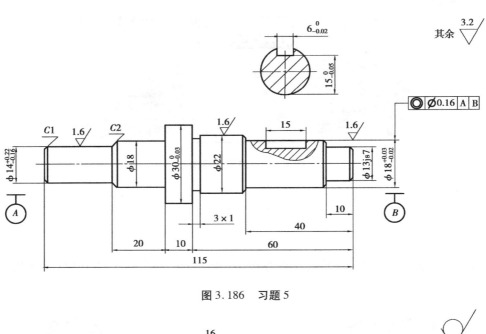

图 3.186　习题 5

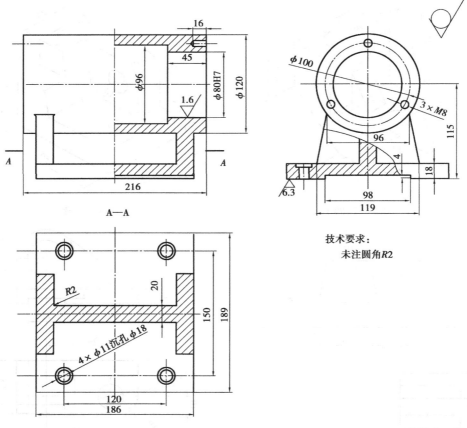

A—A

技术要求：
　　未注圆角R2

图 3.187　习题 6

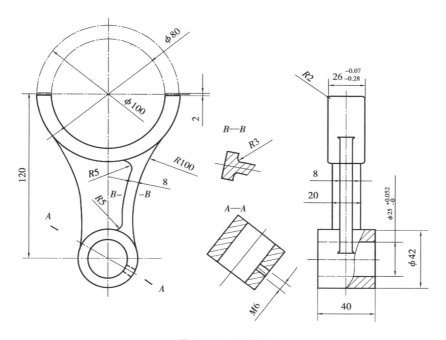

图 3.188　习题 7

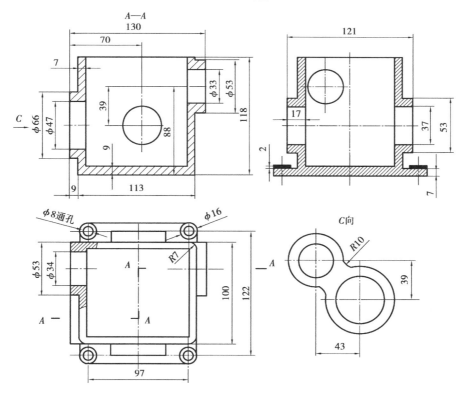

图 3.189　习题 8

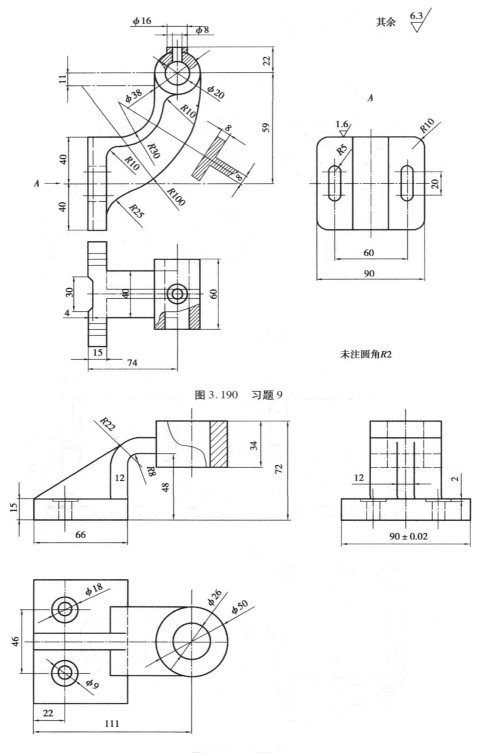

图 3.190　习题 9

图 3.191　习题 10

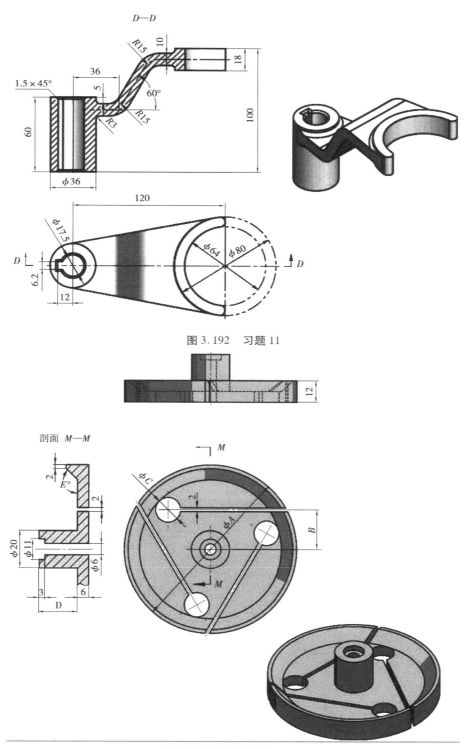

图 3.192　习题 11

剖面 M—M

E=145　D=23　C=14　B=24　A=97

图 3.193　习题 12

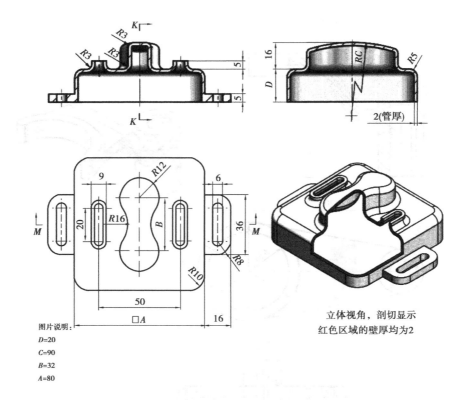

图 3.194　习题 13

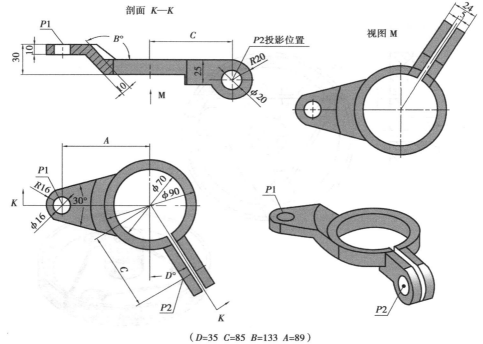

图 3.195　习题 14

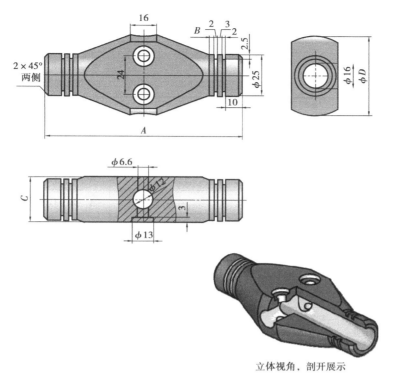

立体视角，剖开展示

图 3.196　习题 15

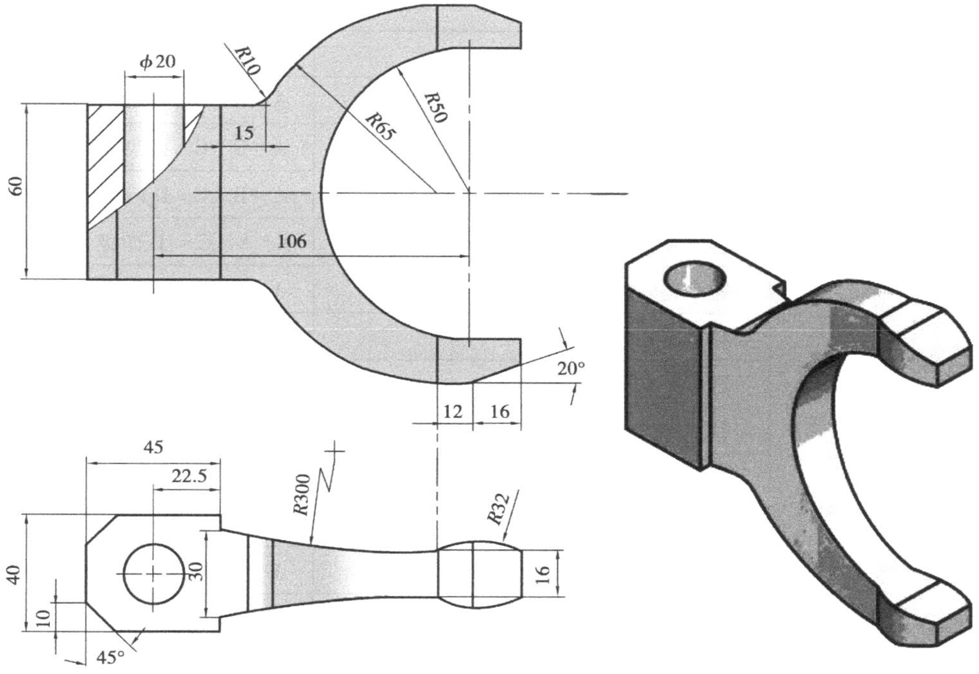

图 3.197　习题 16

项目成绩鉴定办法及评分标准

序　号	项目内容	评分标准	评分等级分类	配　分
1	课堂表现	学习资料(教材、笔记本、笔)准备情况	A　B　C　D 四级	10
		课堂笔记记录情况	A　B　C　D 四级	
		课堂活动参与情况	A　B　C　D 四级	
		课堂提问回答情况	A　B　C　D 四级	
		纪律(有无玩游戏等违纪情况)	好　合格　差	
2	课堂作业	任务一的练习完成情况	A　B　C　D 四级	5
		任务二的练习完成情况	A　B　C　D 四级	5
		任务三的练习完成情况	A　B　C　D 四级	5
		任务四的练习完成情况	A　B　C　D 四级	5
		任务五的练习完成情况	A　B　C　D 四级	5
		任务六的练习完成情况	A　B　C　D 四级	5
		任务七的练习完成情况	A　B　C　D 四级	5
		任务八的练习完成情况	A　B　C　D 四级	5
3	习题(至少完成8题)	习题 1 完成情况	A　B　C　D 四级	5
		习题 2 完成情况	A　B　C　D 四级	5
		习题 3 完成情况	A　B　C　D 四级	5
		习题 4 完成情况	A　B　C　D 四级	5
		习题 5 完成情况	A　B　C　D 四级	选做
		习题 6 完成情况	A　B　C　D 四级	5
		习题 7 完成情况	A　B　C　D 四级	5
		习题 8 完成情况	A　B　C　D 四级	5
		习题 9 完成情况	A　B　C　D 四级	选做
		习题 10 完成情况	A　B　C　D 四级	选做
		习题 11 完成情况	A　B　C　D 四级	5
		习题 12 完成情况	A　B　C　D 四级	5
		习题 13 完成情况	A　B　C　D 四级	5
		习题 14 完成情况	A　B　C　D 四级	选做
		习题 15 完成情况	A　B　C　D 四级	选做
		习题 16 完成情况	A　B　C　D 四级	选做

本项目学习信息反馈表

序　号	项目内容	评价结果
1	课题内容	偏多_____　　　　合适_____　　　　　不够_____
2	时间分布	讲课时间(多_____合适_____不够_____) 作业练习时间(多_____合适_____不够_____)
3	难易程度	高_____　　中_____　　　低_____
4	教学方法	继续使用此法_____　　增加教学手段_____ 形象性(好_____合适_____欠佳_____)
5	讲课速度	快_____　　合适_____　　太慢_____
6	课件质量	清晰_____模糊_____混乱_____字迹偏_____大_____小
7	课题实例数量	多_____合适_____不够_____
8	其他建议	

项目四
标准件建模

【项目简述】

通过具体的项目课题练习,运用 UG 的实体、曲面及其他建模功能绘制弹簧、螺纹件、齿轮件、凸轮件等常用标准件,能运用相关参数化设计功能和部件族功能创建标准件库。

【能力目标】

通过教师演示、讲解、辅导及上机项目课题训练,检查学生对"运用 UG 的实体建模功能绘制螺纹件、齿轮件、凸轮件等常用标准件"的掌握情况,使学生能在规定时间内完成教程中的习题。

【任务一】 螺母、螺栓建模

【任务描述】

通过本任务的练习,掌握螺纹件的建模方法,提高 UG 建模功能的运用能力。图 4.1 所示为六角螺母零件图。

【活动一】 六角螺母建模

(1)单击"文件"—"新建"(快捷键 Ctrl + N)或者单击"新建"按钮 🗋,在"名称"对话框输入"liujiaoluomu",单位为毫米,选择模型模板,单击"确定"进入 UGS NX6.0 建模模块界面。

(2)单击曲线工具条按钮 ⊙ 进入多边形绘制界面,输入"侧面数"为 6,选择"内接半径",输入圆半径 12 mm,"方位角"90°,弹出点对话框,输入 X0,Y0,Z0,单击"确定",得到如图 4.2(c)所示图形。

(3)选择"拉伸"特征按钮 🔳,选择所画六边形线框,"指定矢量"为 ZC 轴,限制"开始"距离为 0 mm,"结束"距离为 14.1 mm,"布尔"为无,单击"确定",结果如图 4.3 所示。

112

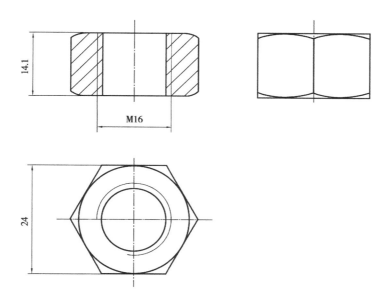

图 4.1　六角螺母

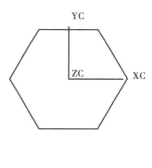

（a）　　　　　　　　　　　　（b）　　　　　　　　　　（c）

图 4.2　创建正六边形

图 4.3　拉伸

（4）在曲线工具条中选择"基本曲线"工具条按钮，选择"圆"功能，在"基本曲线"对话框中点方法下拉菜单中选择"点构造器"，输入坐标 X0,Y0,Z14.1,单击"确定"，后退，再将点方式选择为控制点，选择六棱柱体的边,绘制内切圆,如图 4.4 所示。

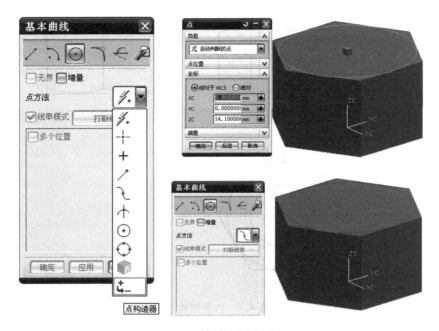

图 4.4 绘制内切圆

(5)选择"拉伸"特征按钮，选择所画草图外圈线框，"指定矢量"为 ZC 轴，单击"反向"按钮，限制"开始"距离为 0 mm，"结束"距离为 14.1 mm，"布尔"为求交，"拔模"选择从起始限制，角度为 - 60，单击"确定"，如图 4.5 所示。

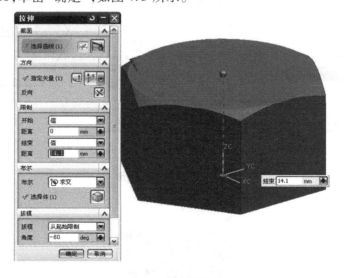

图 4.5 拉伸上倒角

(6)再次选择"拉伸"特征按钮，选择所画草图外圈线框，"指定矢量"为 ZC 轴，限制"开始"距离为 - 14.1 mm，"结束"距离为 0 mm，"布尔"为求交，"拔模"选择从起始限制，"角度"为 - 60，单击"确定"，如图 4.6 所示。

(7)选择"孔"工具按钮，"成形类型"选螺纹孔，沉头孔直径为 M16 × 2 mm，激活"启用捕捉点"按钮中的圆心功能，选择前面画的内切圆，单击"确定"，如图 4.7 所示。

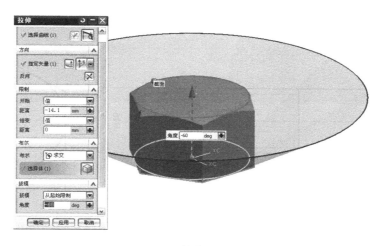

图 4.6 拉伸下倒角

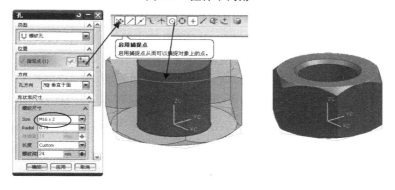

图 4.7 孔建模

（8）选择"螺纹"工具按钮▤，"螺纹类型"选择详细的，选择上一步做的底孔，选择上表面做起始面，单击"确定"，回到初始对话框，设定"大径"16 mm，"长度"15 mm，"螺距"2 mm，"角度"60°，单击"确定"，如图 4.8 所示，完成六角螺母建模。

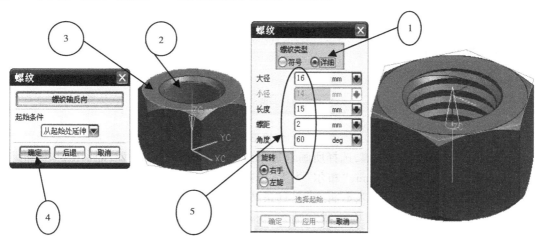

图 4.8 螺纹建模

【活动二】 六角螺栓建模(图4.9)

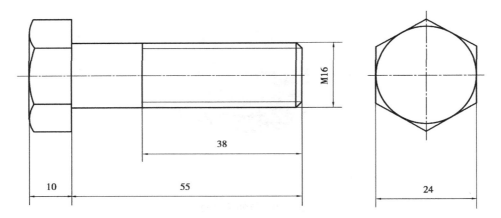

图4.9 六角螺栓零件图

(1)单击"文件"—"新建"(快捷键 Ctrl + N)或者单击"▯"功能按钮,在"名称"对话框输入"liujiaoluoshan",单位为毫米,选择模型模板,单击"确定",进入 UGS NX6.0 建模模块界面。

(2)单击曲线工具条按钮"多边形 ⊙"进入多边形绘制界面,输入"侧面数"为6,选择"内接半径",输入圆半径12 mm,"方位角"90°,弹出点对话框,输入X0,Y0,Z0,单击"确定",如图4.10 所示。

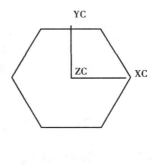

图4.10 创建正六边形

(3)选择"拉伸"特征按钮▥,选择所画六边形线框,"指定矢量"为 ZC 轴,限制"开始"距离为0 mm,"结束"距离为10 mm,"布尔"为无,单击"确定",如图4.11 所示。

(4)在曲线工具条中选择"基本曲线"工具条按钮 ♀,选择"圆"功能,在"基本曲线"对话框中点方法下拉菜单中选择"点构造器",输入坐标 X0,Y0,Z10,单击"确定",后退,再将"点方式"选择为"控制点"⟍,选择六棱柱体的边,绘制内切圆,如图4.12 所示。

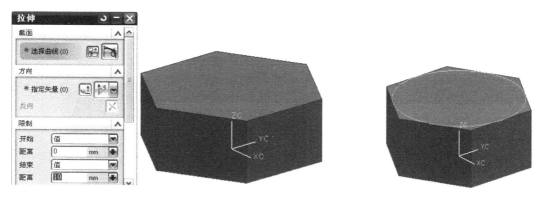

图 4.11　拉伸　　　　　　　　　　　　图 4.12　绘制内切圆

（5）选择"拉伸"特征按钮 ⬛，选择所画草图外圈线框，"指定矢量"为 ZC 轴，单击"反向"按钮 ⊠，限制"开始"距离为 0 mm，"结束"距离为 10 mm，"布尔"为求交，"拔模"选择："从起始限制"，"角度"为 -60°，单击"确定"，如图 4.13 所示。

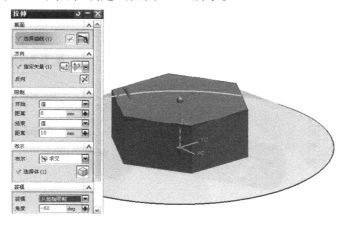

图 4.13　拉伸上倒角

（6）单击"凸台"按钮 ⬛，单击下表面为圆柱放置面，设置"直径"为 16 mm，"高度"为 55 mm，锥角为 0，单击"应用"，弹出"定位"对话框，选择"点到点"定位，选择前面所画内切圆，在设置圆弧的位置对话框中选择"圆弧中心"，单击"确定"，结果如图 4.14 所示。

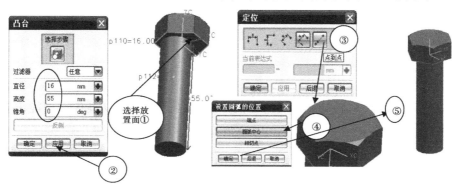

图 4.14　圆柱凸台建模

117

（7）选择倒斜角按钮，横截面选择对称，距离 1.5 mm，单击"确定"，如图 4.15 所示。

图 4.15　倒角

（8）选择"螺纹"工具按钮，"螺纹类型"选择"详细的"，选择上一步做的圆柱，选择下表面做"起始面"，单击螺纹轴反向，单击"确定"，回到初始对话框，设定"小径"14 mm，"长度"38 mm，"螺距"2 mm，"角度"60°，单击"确定"，如图 4.16 所示。

图 4.16　螺纹

【任务二】　弹簧建模

【任务描述】

通过本任务的练习，掌握拉伸弹簧的建模方法，提高 UG 建模功能的运用能力。图 4.17 所示为拉伸弹簧。

【活动】　弹簧零件实体建模

（1）单击"文件"—"新建"（快捷键 Ctrl + N）或者单击按钮，在"名称"对话框中输入"lahuang"，单位为毫米，选择模型模板，单击"确定"进入 UGS NX6.0 建模模块界面。

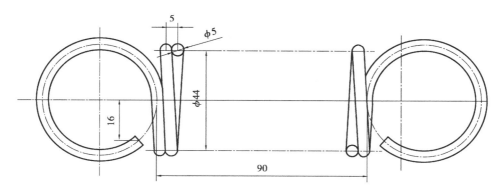

图 4.17　拉伸弹簧

（2）单击"螺旋线"曲线按钮🌀（或者单击"插入"—"曲线"—"螺旋线"），在弹出的"螺旋线"对话框中输入"圈数"90/5，"螺距"5，"半径"22，单击"确定"，如图 4.18 所示。

（3）单击"插入"—"草图"或者单击工具按钮🔲进入创建草绘界面，"平面"选项选为创建平面，选择 XC-ZC 平面，进入草图界面，绘制如图 4.19 所示草图，单击"完成草图"按钮🏁**完成草图**，回到建模界面。

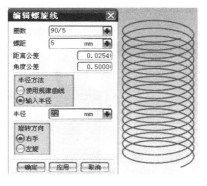

图 4.18　创建螺旋线

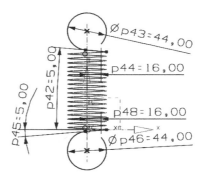

图 4.19　绘制拉钩曲线

（4）单击曲线工具"连接曲线"按钮〰️（或者单击"插入"—"来自曲线集的曲线"—"连接"），选择所有曲线，在对话框中取消"关联"选项，单击"确定"，在对话框中选择"是"，连接成一条直线，如图 4.20 所示。

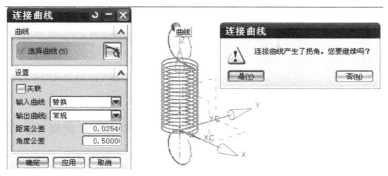

图 4.20　连接曲线

（5）单击"插入"—"草图"或者单击工具按钮▣进入创建草绘界面，"平面"选项选为"创建平面"，选择点和方向，选择圆弧端点创建平面，进入草图界面，如图4.21所示。

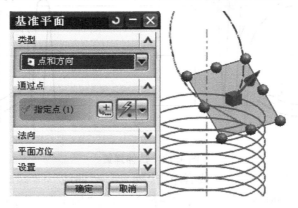

图4.21　创建草绘平面

（6）运用草图功能绘制直径为5 mm的圆。单击"完成草图"按钮▣，回到建模界面，如图4.22所示。

（7）单击"沿引导线扫掠"工具按钮▣，选择5 mm草绘圆弧，选择整条连接曲线，偏置设置为0，单击"确定"，如图4.23所示。

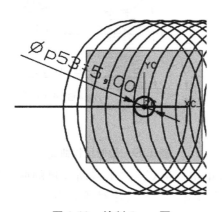

图4.22　绘制5 mm圆

图4.23　扫掠弹簧实体

【任务三】　齿轮建模

【任务描述】

通过本任务的练习，掌握齿轮件的参数化建模方法，提高UG建模功能的运用能力。图4.24所示为齿轮零件图。

【活动】　齿轮零件实体建模

（1）单击"文件"—"新建"（快捷键 Ctrl + N）或者单击按钮▣，在"名称"对话框输入

"chilun",单位为毫米,选择模型模板,单击"确定"进入 UGS NX6.0 建模模块界面。

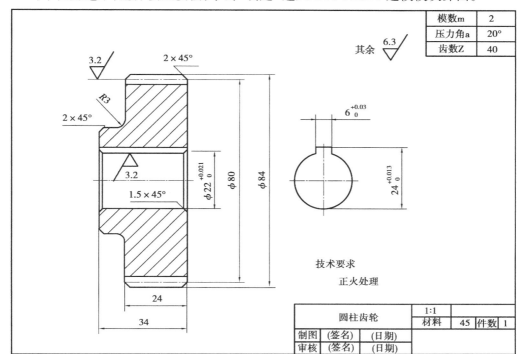

图 4.24 齿轮零件图

（2）选择"工具"—"表达式",输入表 4.1 所示参数。

表 4.1 齿轮参数

齿轮参数	数　值	备　注	齿轮参数	数　值	备　注
m	2	模数	z	40	齿数
α	20	齿形角	hax	1	齿顶高系数
cx	0.25	径向间隙系数	b	24	齿轮宽度
hf	(hax + cx) * m	齿根高	ha	hax * m	齿顶高
d	m * z	分度圆直径	da	d + 2ha	齿顶圆直径
df	d – 2hf	齿根圆直径	db	d * cosα	基圆

（3）单击"插入"—"草图"或者单击工具按钮 🖫 进入创建草绘界面,"平面"选择 XC-YC 平面,进入草图界面,绘制齿根圆、齿顶圆、基圆、分度圆草图,如图 4.25 所示。单击"完成草图按钮 🖳 完成草图",回到建模界面,如图 4.26 所示。

（4）选择"工具"—"表达式",输入下列渐开线方程参数:

an = 90 × t,　　　　　　　　　　r = db/2

s = pi( ) × r × t/2,　　　　　　　xc = r × cos(an)

yc = r × sin(an) ,　　　　　　　xt = xc + s × sin(an)

yt = yc – s × cos(an) ,　　　　　zt = 0

t = 0

图 4.25　表达式赋值

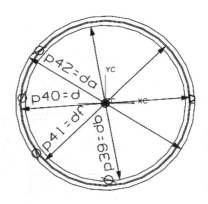

图 4.26　草绘

（5）单击"规律曲线"工具按钮 ，弹出"规律函数"对话框，选择"根据方程"，单击"确定"弹出规律曲线 t，依次定义 xt、yt、zt，单击"确定"生成渐开线，如图 4.27、图 4.28 所示。

图 4.27　规律函数

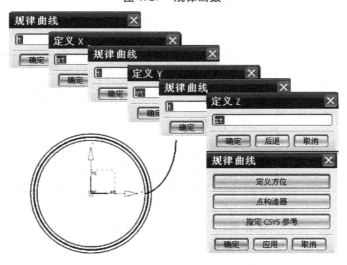

图 4.28　创建渐开线

（6）选择"插入"—"曲线"—"直线"（或者单击"直线"工具按钮 ），选择渐开线与分度圆的交点和圆心，单击"确定"，画出对称直线。

（7）选择"编辑"—"移动对象"，或者单击工具按钮"移动对象" ，指定轴点为 x = 0，y = 0，z = 0。"指定矢量"为 z 轴，"角度"输入：（360/4 * z），选择直线，单击"确定"复制直线，如图 4.29 所示。

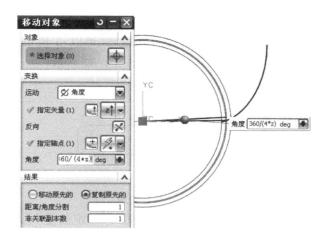

图 4.29 移动直线

(8)单击"变换"工具按钮，弹出"变换"对话框，选择渐开线作为变换对象，单击鼠标中键，选择"通过一直线镜像"，选择"现有直线"，选择上一步的对称直线，选择"复制"，最后单击"取消"，结果如图 4.30 所示。

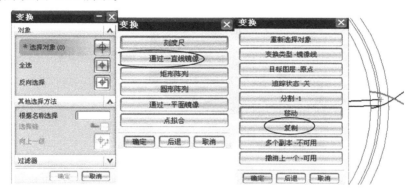

图 4.30 镜像渐开线

(9)选择"圆柱"特征工具按钮，指定点 $x=0,y=0,z=-12$，直径为 df，高度为 24，单击"确定"，如图 4.31 所示。

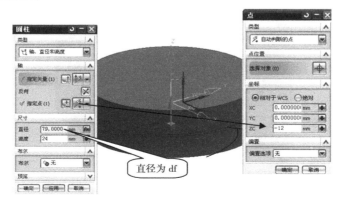

图 4.31 建立圆柱

（10）修剪渐开线,在"工具"—"表达式"中输入 $r1 = if(hax > = 1)(0.38 * m)else(0.46 * m)$,然后利用"曲线编辑"工具 ← 修剪渐开线、齿顶圆及齿根圆（可以 df 和 da 为直径用"基本曲线"按钮 ◎ 重新画两个圆）及倒圆角,得到齿轮轮廓线,如图 4.32 所示。

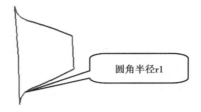

圆角半径r1

图 4.32　齿轮轮廓

（11）选择"拉伸"特征按钮 ▥,选择齿轮轮廓线框,"指定矢量"为 ZC 轴,限制开始距离为 -12 mm,结束距离为 12 mm,"布尔"为求和,单击"确定",如图 4.33 所示。

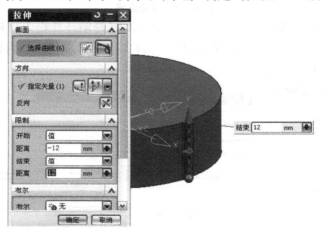

图 4.33　拉伸齿轮轮廓

（12）选择齿轮轮廓实体,选择"编辑"—"移动对象",或者单击工具按钮"移动对象" ⊡,指定轴点为 $x = 0, y = 0, z = 0$,"指定矢量"为 z 轴,单击"确定"复制直线,如图 4.34 所示。

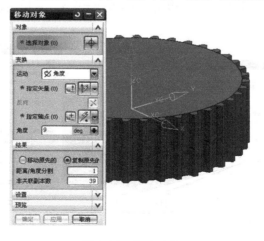

图 4.34　移动对象

（13）选择布尔运算的"求和"功能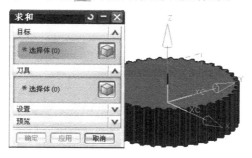，将所有实体相加，如图 4.35 所示。

图 4.35　布尔运算

（14）单击"插入"—"草图"或者单击工具按钮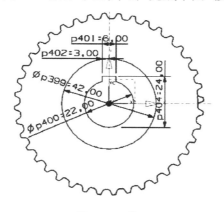进入创建草绘界面，"平面"选择 XC-YC 平面，进入草图界面，绘制如图 4.36 所示草图，单击"完成草图"按钮，回到建模界面。

图 4.36　草图

（15）选择"拉伸"特征按钮，选择圆弧线框，"指定矢量"为 ZC 轴，限制"开始"距离为 －12 mm，"结束"距离为 22 mm，"布尔"为求和，单击"确定"，如图 4.37 所示。

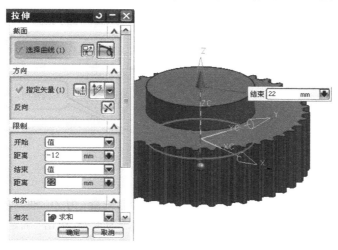

图 4.37　拉伸实体

（16）选择"拉伸"特征按钮□，选择内孔线框，"指定矢量"为 ZC 轴，限制"开始"距离为 −12 mm，"结束"距离为 22 mm，"布尔"为求差，单击"确定"，如图 4.38 所示。

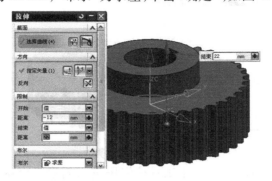

图 4.38　拉伸键槽孔

（17）选择"边倒圆"功能按钮□，倒圆"半径"设为 3 mm，单击"确定"。

（18）运用"倒斜角"工具□，选择孔口边缘倒角 1.5 mm，选择凸台边倒角 2 mm，如图 4.39 所示。

图 4.39　倒斜角

（19）单击"插入"—"草图"或者单击"草图"工具按钮□进入创建草绘界面，"平面"选择 XC-ZC 平面，进入草图界面，绘制如图 4.40 所示建立尺寸约束的草图，再用"镜像"功能按钮□，做一个对称图形，单击"完成草图"按钮□，回到建模界面，如图 4.40 所示。

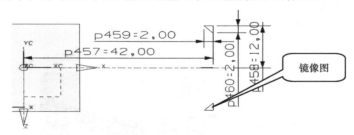

图 4.40　草绘

（20）选择"回转"按钮□，选择所画草图线框，"指定矢量"为 ZC 轴，"指定点"为默认（或为 0,0,0），"开始"角度为 0，"结束"角度为 360，"布尔"为求差，单击"确定"，如图 4.41 所示。

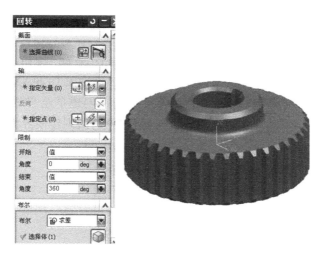

图 4.41　旋转结果

【任务四】　轴承建模

【任务描述】

通过本任务的练习,掌握轴承的建模方法,提高 UG 建模功能的运用能力。图 4.42 所示为深沟球轴承。

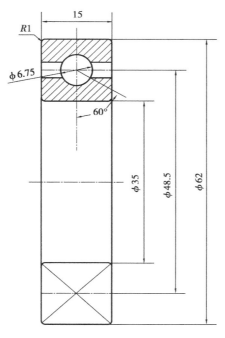

图 4.42　深沟球轴承

【活动】 轴承零件实体建模

（1）单击"文件"—"新建"（快捷键 Ctrl + N）或者单击"新建"按钮，在"文件名"对话框中输入 zhoucheng，单位为毫米，选择模型模板，单击"确定"进入 UGS NX6.0 建模模块界面。

（2）单击"插入"—"草图"或者单击工具按钮进入创建草绘界面，平面选择 XC-ZC 平面，进入草图界面，绘制草图，单击"完成草图"按钮，回到建模界面，如图 4.43 所示。

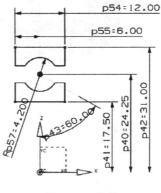

图 4.43　草绘

（3）选择"回转"按钮，选择所画草图线框，"指定矢量"为 XC 轴，"指定点"为默认（或为 0,0,0），"开始"角度为 0，"结束"角度为 360，"布尔"为无，单击"确定"，如图 4.44 所示。

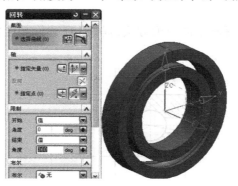

图 4.44　旋转体

（4）单击"插入"—"草图"或者单击工具按钮进入创建草绘界面，平面选择 XC-ZC 平面，进入草图界面，绘制草图，单击"完成草图"按钮，回到建模界面，如图 4.55 所示。

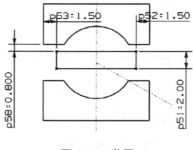

图 4.45　草图

（5）选择"回转"按钮 ，选择所画草图线框，"指定矢量"为 XC 轴，"指定点"为默认（或为 0,0,0），"开始"角度为 0，"结束"角度为 360，"布尔"为无，单击"确定"，如图 4.46 所示。

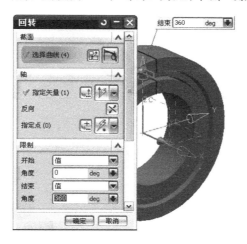

图 4.46　回转体

（6）选择"边倒圆"功能按钮 ，倒圆半径设为 1 mm，选择 4 条边，单击"确定"，如图 4.47 所示。

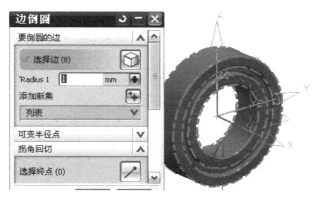

图 4.47　边倒圆

（7）将前面第 3 步创建的旋转几何体隐藏，选择"球"特征功能按钮 ，"指定点"为 X0，Y0，Z24.5，"直径"为 6.75，单击"确定"，如图 4.48 所示。

图 4.48　球体建模

（8）将前面的几何体隐藏,选择引用几何体功能"按钮" ,"指定矢量"为 X 轴,"指定点"为 X0,Y0,Z0,"角度"为 360/22,"副本数"为 22,单击"确定",如图 4.49 所示。

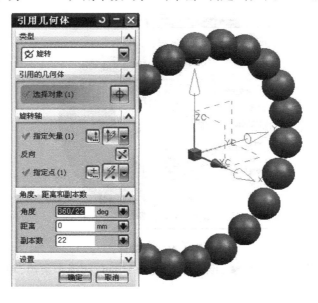

图 4.49　引用几何体

（9）将所有球体和轴承支承圈做"布尔"减运算,结果如图 4.50 所示。

（10）隐藏其他图素,结果如图 4.51 所示。

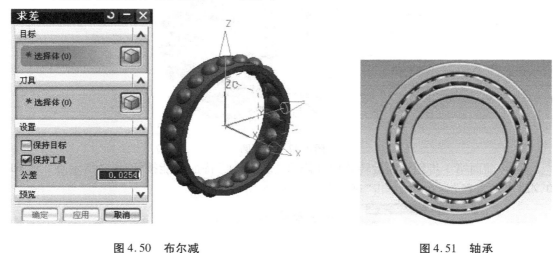

图 4.50　布尔减　　　　　　　　　　　　　　　　图 4.51　轴承

【任务五】　部件族建模

【任务描述】

通过本任务的练习,掌握部件族的建模方法,学习参数化建模技术,提高同一系列不同规格零件的 UG 建模能力。图 4.52 所示为六角螺栓工程图。

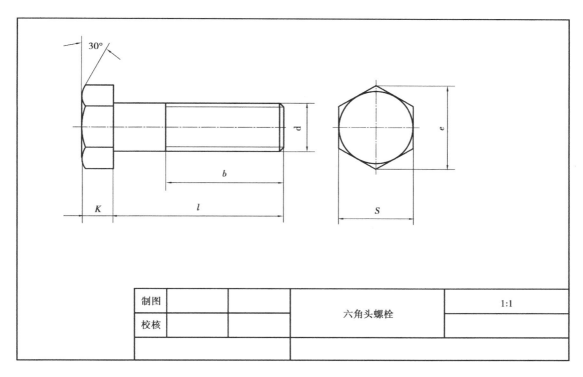

制图			六角头螺栓	1:1
校核				

图 4.52　六角螺栓

表 4.2　六角螺栓表

螺纹代号	D	(e)	l	b	k	s	c	p
M6	6	11.05	28	18	4	10	1	1
M8	8	14.38	36	22	5.3	13	1	1.25
M10	10	17.77	45	26	6.4	16	1	1.5
M12	12	20.03	50	30	7.5	18	1	1.75

【活动】　部件族零件实体参数化建模

（1）单击"文件"—"新建"（快捷键 Ctrl + N）或者单击"新建"按钮，在"名称"对话框中输入"liujiaoluoshuan"，单位为毫米，选择"模型"模板，单击"确定"进入 UGS NX6.0 建模模块界面。

（2）选择"工具"—"表达式"，输入表 4.3 中所列参数。

表 4.3　六角螺栓参数表

螺纹代号	d	l	b	k	s	c	p
M6	6	28	18	4	10	1	1

（3）单击"插入"—"草图"或者单击工具按钮进入创建草绘界面，选择 XC-YC 平面，进入草图界面，绘制如图 4.53 所示的正六边形草图。

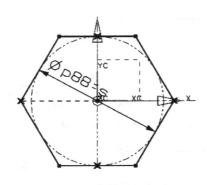

图 4.53　草绘正六边形

（4）单击"完成草图"按钮 无成草图，返回实体建模空间。选择"拉伸"特征按钮 ，选择所画草图外圈线框，"指定矢量"为 ZC 轴，限制"开始"距离为 0 mm，"结束"距离为 k mm，"布尔"为无，单击"确定"，如图 4.54 所示。

（5）在曲线工具条中选择"基本曲线"工具条按钮 ，选择"圆"功能，在基本曲线对话框中的方法下拉菜单中选择"点构造器"，输入坐标 X0，Y0，Zk，单击"确定"—"后退"，再将点方式选择为"控制点" ，选择六棱柱体的边，绘制内切圆，如图 4.55 所示。

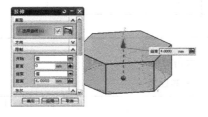

图 4.54　拉伸

图 4.55　绘制内切圆

（6）选择"拉伸"特征按钮 ，选择所画草图外圈线框，"指定矢量"为 ZC 轴，单击"反向"按钮 ，限制"开始"距离为 0 mm，"结束"距离为 k mm，"布尔"为求交，"拔模"选择"从起始限制"，"角度"为 –60，单击"确定"，如图 4.56 所示。

（7）单击"凸台"指令按钮 ，单击下表面为圆柱放置面，设置直径为 d mm，高度为 1 mm，锥角为 0，单击"应用"，弹出定位对话框，选择"点到点"定位，选择前面所画内切圆，在设置圆弧的位置对话框中选择"圆弧中心"，单击"确定"，结果如图 4.57 所示。

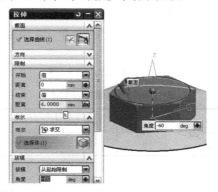

图 4.56　拉伸求交

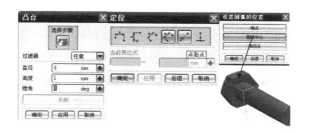

图 4.57　圆柱凸台建模

（8）选择"倒斜角"指令，"横截面"选择对称，距离 c mm，单击"确定"，如图 4.58 所示。

（9）选择"螺纹"工具按钮，"螺纹类型"选择"详细的"，选择上一步做的圆柱，选择下表面做起始面，单击螺纹轴反向，单击"确定"，回到初始对话框，设定"小径"为 d − 1.3 ∗ p mm，"长度"为 bmm，"螺距"为 pmm，"角度"为 60，单击"确定"，结果如图 4.59 所示。

图 4.58　倒角

图 4.59　螺纹建模

（10）选择"工具"—"部件族"，弹出"部件族"对话框面板。去掉"可导入部件族模板"复选框的钩号，选择 b,c,d,k,p,s,l 等参数，选择"添加列"将以上参数添加到部件族参数中，设置保存路径，单击"创建"，如图 4.60 所示。

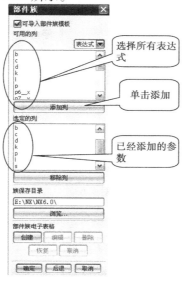

图 4.60　部件族

（11）系统自动弹出数据电子表格,添加表4.4中的3个系列部件族参数,选中3,4,5行表格,选择"部件族"创建部件,选择表格中的"部件族",保存族,单击"确定",见图4.61、图4.62所示,结果如图4.63所示。

A	B	C	D	E	F	G	H
Part_Name	*b*	*c*	*d*	*k*	*p*	*l*	*s*
M6	18	1	6	4	1	28	10
M8	22	1	8	5.3	1.25	36	13
M10	26	1	10	6.4	1.5	45	16
M12	30	1	12	7.5	1.75	59	18

图 4.61

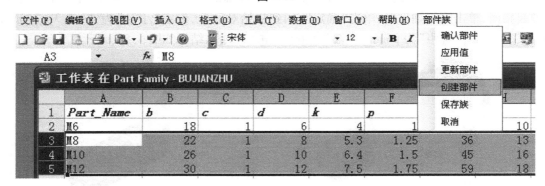

图 4.62

图 4.63

学习方法

（1）重点掌握成形特征和特征操作功能的各个工具功能在标准件建模中的具体用法,观察教师的讲解、演示,做好课堂笔记;然后在上机操作过程中,以教材和多媒体视频为参照,完成每一个项目任务的练习,应该把每个任务练习2遍以上,以达到巩固的目的。

（2）学习过程中,要认真体会各个实例,参数化建模功能琢磨透彻,除了书上和教师所讲的标准件方法外,运用自己的思路进行其他不同规格的标准件建模以培养自己应用知识的能力。

（3）注重表达式在草绘、曲线、建模功能中的运用。

（4）温习《机械基础》中齿轮、弹簧、标准件等相关内容,以便更好地熟悉各个零件的结合参数。

（5）运用参数化设计方法、对其他类型的机械零件进行设计。

（6）运用部件族功能对齿轮、弹簧、轴承等零件系列进行设计。

习　题

1. 根据前面所学的建模功能指令将图 4.64 所示螺栓零件图用 UG 绘制成三维实体模型。

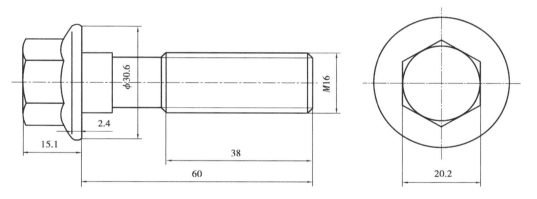

图 4.64　六角法兰面螺栓

2. 根据前面所学的建模功能指令将图 4.65 所示螺母零件图用 UG 绘制成三维实体模型。

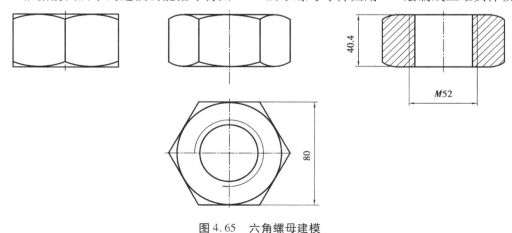

图 4.65　六角螺母建模

3. 根据前面所学的建模功能指令将图 4.66 所示弹簧零件图用 UG 绘制成三维实体模型。

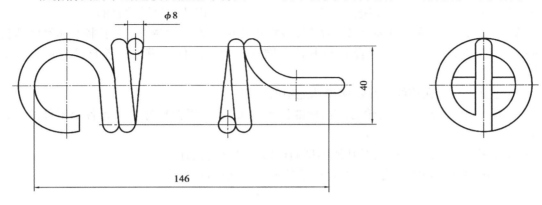

图 4.66 弹簧

4. 根据前面所学的建模功能指令将图 4.67 所示轴承零件图用 UG 绘制成三维实体模型。

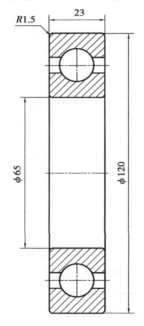

图 4.67 轴承建模

5. 运用前面所学的参数化建模功能指令,根据表 4.4 和图 4.68 所示的参数绘制螺栓零件图,并用 UG 构建部件族。

表 4.4 参数

螺纹代号	d	ds	l	dp	k	s	c	p
M18	18	19	50	18	10	26.7	20	4
M20	20	21	55	15	11	29.7	23	4
M22	22	23	60	17	12	33.4	25	4
M24	24	25	65	18	13	35.4	27	4

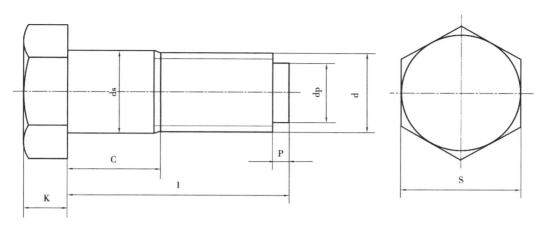

图 4.68 螺栓部件族

项目成绩鉴定办法及评分标准

序　号	项目内容	评分标准	评分等级分类	配　分
1	课堂表现	学习资料(教材、笔记本、笔)准备情况	A　B　C　D 四级	20
		课堂笔记记录情况	A　B　C　D 四级	
		课堂活动参与情况	A　B　C　D 四级	
		课堂提问回答情况	A　B　C　D 四级	
		纪律(有无玩游戏等违纪情况)	好　合格　差	
2	课堂作业	任务一的练习完成情况	A　B　C　D 四级	8
		任务二的练习完成情况	A　B　C　D 四级	8
		任务三的练习完成情况	A　B　C　D 四级	8
		任务四的练习完成情况	A　B　C　D 四级	8
		任务五的练习完成情况	A　B　C　D 四级	8
3	习题(至少完成4题)	习题1完成情况	A　B　C　D 四级	8
		习题2完成情况	A　B　C　D 四级	8
		习题3完成情况	A　B　C　D 四级	8
		习题4完成情况	A　B　C　D 四级	8
		习题5完成情况	A　B　C　D 四级	8

本项目学习信息反馈表

序 号	项目内容	评价结果
1	课题内容	偏多_____合适_____不够_____
2	时间分布	讲课时间(多_____合适_____不够_____ 作业练习时间(多_____合适_____不够_____)
3	难易程度	高_____中_____低_____
4	教学方法	继续使用此法_____增加教学手段_____ 形象性(好_____合适_____欠佳_____)
5	讲课速度	快_____合适_____太慢_____
6	课件质量	清晰_____模糊_____混乱_____字迹偏_____大_____小
7	课题实例数量	多_____合适_____不够_____
8	其他建议	

项目五
曲面建模

【项目简述】

通过过具体的项目课题练习,掌握 UG 曲面建模功能及曲面编辑功能的用法、掌握由特征和特征操作构建曲面的方法,能运用常用的曲面建模和编辑功能构建较复杂的曲面模型,以培养较高的建模能力。

【能力目标】

通过教师演示、讲解、辅导及上机项目课题训练,检查学生对"由点构建曲面、由曲线构建曲面、由曲面构建曲面、编辑曲面、自由曲面"的掌握情况,使学生能在规定的时间内自主完成教程中的习题,并达到准确、无误。

【任务一】 茶杯盖子建模

【任务描述】

通过本任务的练习,掌握 UG 曲线绘制、旋转建模、扫描曲面、有界平面、修剪的片体等功能的用法。图 5.1 所示为杯子线框图。

【活动一】 茶杯盖子建模

(1)单击"开始"—"程序"—"UGS NX 6.0"—" NX 6.0"进入 UGS 初始界面。单击"文件"—"新建"(快捷键 Ctrl + N)或者单击"新建"按钮🗋,在"名称"对话框中输入"gaizi",单位为毫米,选择模型模板,单击"确定"进入 UGS NX6.0 建模模块界面。单击"首选项"—"建模",在"体类型"下选择"图纸页",如图 5.2 所示。

(2)单击"插入"—"草图"或者单击工具按钮🔛进入创建草绘界面,"平面"选项选为"创建平面",选择 XC-ZC 平面,进入草图界面,绘制图 5.3 所示草图。

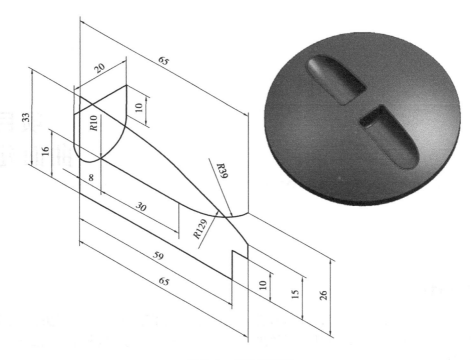

图 5.1 杯子线框图

图 5.2 建模首选项

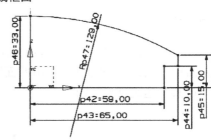

图 5.3 草绘

（3）选择"回转"按钮 ，选择图 5.3 所示草图线框（最下边那条直线可不选取），"指定矢量"为 ZC 轴，"指定点"为默认（或为 0，0，0），"开始"角度为 0，"结束"角度为 360，"布尔"为无，"体类型"为片体，单击"确定"，如图 5.4 所示。

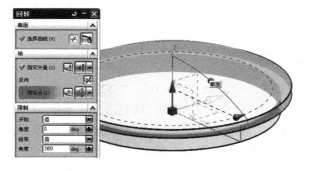

图 5.4 旋转片体

（4）单击"插入"—"草图"或者单击工具按钮⬚进入创建草图界面，"平面"选项选为创建平面，选择 YC-ZC 平面，"距离"为 8 mm，进入草图界面，绘制图 5.5 所示草图。

（5）单击"插入"—"草图"或者单击工具按钮⬚进入创建草绘界面，"平面"选项选为创建平面，选择 XC-ZC 平面，进入草图界面，绘制如图 5.6 所示草图。

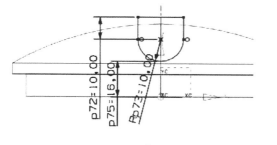

图 5.5　草绘　　　　　　　　　　　　　　　　　　图 5.6　草绘

（6）扫掠曲面：选择"扫掠"按钮⬚，打开"扫掠"对话框，选择第 4 步绘制的曲线（注意最上边的直线不选），单击鼠标中键，选择第 5 步绘制的曲线作为引导线，单击"确定"，结果如图 5.7 所示。

（7）创建有界平面：选择"有界平面"按钮⬚，选择第 5 步绘制的曲线，单击"确定"，结果如图 5.8 所示。

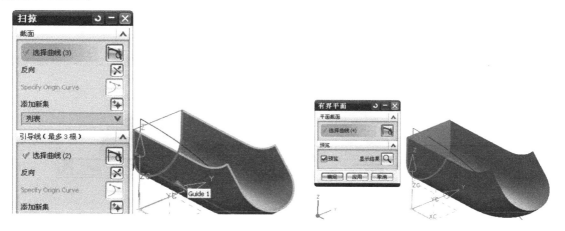

图 5.7　扫掠曲面　　　　　　　　　　　　　　　图 5.8　有界平面

（8）面倒圆：选择"面倒圆"功能按钮⬚，类型选择"滚动球"，"选择面链 1"选择有界平面，注意箭头向内，"选择面链 2"选择扫掠曲面，"倒圆横截面"下的"半径"输入 2 mm，单击"确定"，结果如图 5.9 所示。

（9）镜像面：选择"镜像特征"工具按钮⬚，选择上一步建立的曲面，"平面"选择"新平面"，单击"指定平面"的"完整平面工具"，选择圆柱体两个大端面，单击"确定"，单击"应用"，结果如图 5.10 所示。

（10）修剪体：选择"修剪的片体"功能按钮⬚，在对话框中"目标"-选择片体项激活后选择旋转片体，然后选择扫掠及有界平面、圆角平面为边界对象，单击"确定"，结果如图 5.11 所示。

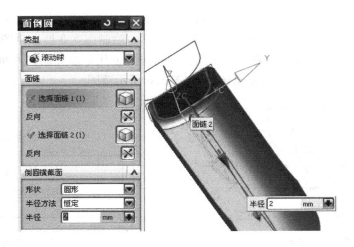

图 5.9　面倒圆

（11）继续修剪：选择"修剪的片体"功能按钮 ⬙，在对话框中"目标"-选择片体项激活后选择扫掠及有界平面、圆角平面，然后选择旋转片体为边界对象，单击"确定"，结果如图 5.12 所示。

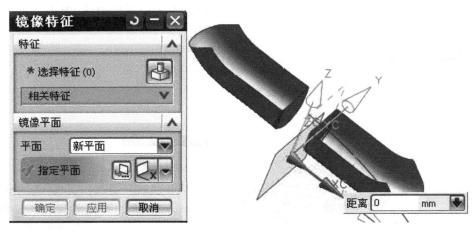

图 5.10　镜像曲面

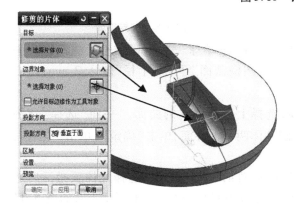

图 5.11　修剪体 1

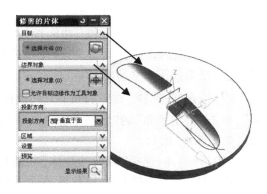

图 5.12　修剪体 2

（12）面倒圆：选择"面倒圆"功能按钮 ，类型选择"滚动球"，"选择面链 1"选择旋转曲面，注意箭头向下，"选择面链 2"选择扫掠曲面、有界平面及倒圆面，在"倒圆横截面"下的"半径"输入 2 mm，单击"确定"。用相同的方法倒另一侧的圆角，结果如图 5.13 所示，完成盖子建模。

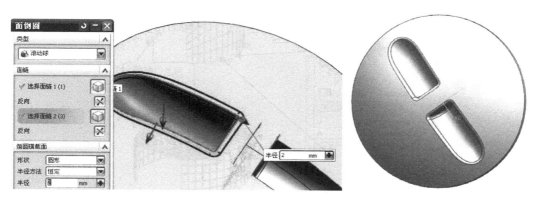

图 5.13 面倒圆

【活动二】 本活动所涉及的主要建模指令

UG 的曲面建模功能如下：

（1）UG 的曲面建模功能概览如图 5.14 所示。

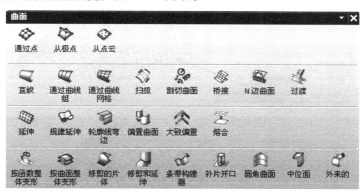

图 5.14 曲面建模功能

（2）"扫掠曲面" 建模功能，"扫掠曲面"是一种功能较强和比较自由的曲面建模方法。建模时可以选择多条截面线（最多可达 400 条曲线），可以选择 3 条引导线（最多 3 条，3 点确定一个平面），每种组合又有不同的选项，变化较多。

①扫掠曲面的缩放方法：均匀的、横向（图 5.15）。

②扫掠曲面的插值方式：线性、三次（图 5.16）。

③扫掠曲面的对齐方式：参数、圆弧、根据点（图 5.17）。

④扫掠曲面的定位方式：固定、面的法向、矢量方向、另一条曲线、一个点、角度规律、强制方向（图 5.18）。图 5.19 所示为角度定位。

（3）"有界平面"建模（图 5.20）："有界平面"是将一组封闭的曲线连接并生成一个平

143

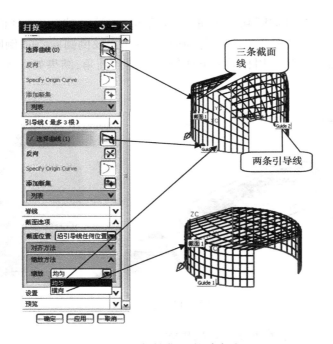

图 5.15　扫掠曲面-缩放方法

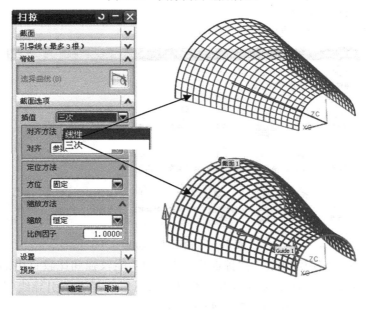

图 5.16　扫掠曲面-插值方式

面片体的功能。

　　（4）"修剪的片体" :该功能的作用是用指定的曲线、曲面、边沿、平面、基准平面来修剪片体,如图 5.21 所示。

　　（5）"面倒圆" 功能:该功能是在选定的面组之间建立相切圆角面,圆角形状可以是圆弧、二次曲线、规律控制的,如图 5.22 所示。

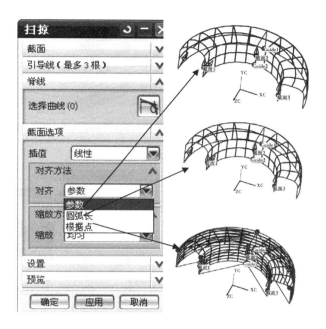

图 5.17 扫掠曲面-对齐方式

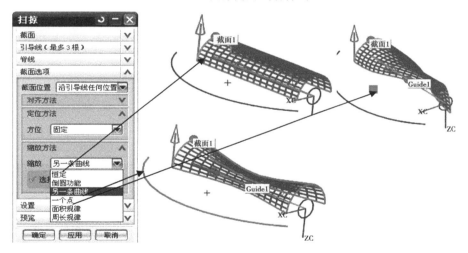

图 5.18 扫掠曲面-定位方式

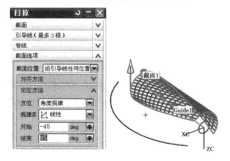

图 5.19 扫掠曲面-角度定位

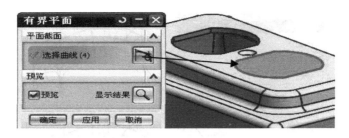

图 5.20　有界平面建模

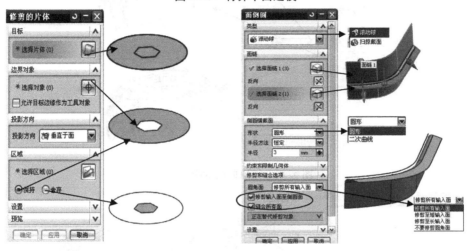

图 5.21　修剪的片体　　　　　　　　　图 5.22　面倒圆功能

【任务二】　漏斗建模

【任务描述】

通过本任务的练习,掌握 UG 曲线绘制、曲线编辑、直纹面建模、面倒圆等功能的用法。图 5.23 所示为漏斗零件图。

【活动一】　漏斗零件曲面建模

(1)单击"开始"—"程序"—"UGS NX 6.0"—"NX 6.0"进入 UGS 初始界面。单击"文件"—"新建"(快捷键 Ctrl + N)或者单击"新建"按钮 ⬜,在"名称"对话框中输入"loudou",单位为毫米,选择模型模板,单击"确定"进入 UGS NX6.0 建模模块界面。单击"首选项"—"建模",在"体类型"下选择"图纸页"。单击"首选项"—"用户界面",在"用户界面首选项"中取消"在跟踪条中跟踪光标的位置",单击"确定"。

(2)单击"基本曲线"按钮 ⬭:选择圆,在跟踪条一栏中输入 XC:0,YC:0,ZC:0,直径 12,回车,单击"取消",完成圆形绘制,如图 5.24 所示。

(3)选择"WCS 原点功能"按钮 ⬚,在对话框中输入 XC:0,YC:0,ZC:48,单击"确定",将

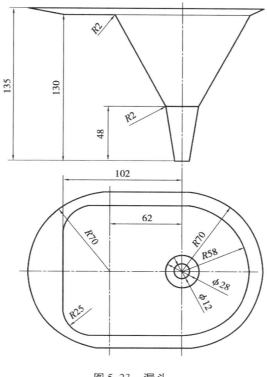

图 5.23　漏斗

坐标移动到新的位置。

（4）单击"基本曲线"按钮 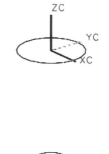，选择圆，在跟踪条一栏中输入 XC:0,YC:0,ZC:0,直径 28 mm,回车,单击"取消",完成圆形绘制,如图 5.25 所示。

（5）选择"WCS 原点"功能按钮 ↳,在对话框界面中输入 XC:0,YC:0,ZC:72,单击"确定",将坐标移动到新的位置。

（6）利用"基本曲线"按钮，选择圆弧,选择"圆心、起点、终点",在跟踪条一栏中输入 XC:0,YC:0,ZC:0,回车;输入 XC:0,YC: - 58,ZC:0,回车;输入 XC:0,YC:58,ZC:0,回车;

图 5.24　取消跟踪

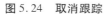

图 5.25　绘制圆弧

选择"直线"功能,在跟踪条一栏中输入 XC:0,YC:58,ZC:0,回车;XC: - 77,YC:58,ZC: 0,回车;

147

选择"圆弧"功能,选择"圆心、起点、终点",在跟踪条一栏中输入 XC: -77,YC:33,ZC:0,回车;输入 XC: -77,YC:58,ZC:0,回车;输入 XC: -102,YC:33,ZC:0,回车;

继续选择"直线"功能,在跟踪条一栏中输入 XC: -102,YC:33,ZC:0,回车;XC: -102,YC: -33,ZC:0,回车;

选择"圆弧"功能,选择"圆心、起点、终点",在跟踪条一栏中输入 XC: -77,YC: -33,ZC:0,回车;输入 XC: -102,YC: -33,ZC:0,回车;输入 XC: -77,YC: -58,ZC:0,回车;

继续选择"直线"功能,在跟踪条一栏中输入 XC: -77,YC: -58,ZC:0,回车;XC:0,YC: -58,ZC:0,回车;结果如图 5.26 所示。

(7)选择"WCS 原点"功能按钮⌐,在对话框界面中输入 XC:0,YC:0,ZC:5,单击"确定",将坐标移动到新的位置。

(8)利用"基本曲线"按钮♀,选择圆弧功能,选择"圆心、起点、终点",在跟踪条一栏中输入 XC:0,YC:0,ZC:0,回车;输入 XC:0,YC: -70,ZC:0,回车;输入 XC:0,YC:70,ZC:0,回车;

选择"直线"功能,在跟踪条一栏中输入 XC:0,YC:70,ZC:0,回车;XC: -62,YC:70,ZC:0,回车;

选择"圆弧"功能,选择"圆心、起点、终点",在跟踪条一栏中输入 XC: -62,YC:0,ZC:0,回车;输入 XC: -62,YC:70,ZC:0,回车;输入 XC: -62,YC: -70,ZC:0,回车;

选择"直线"功能,在跟踪条一栏中输入 XC: -62,YC: -70,ZC:0,回车;XC:0,YC: -70,ZC:0,回车,结果如图 5.27 所示。

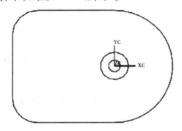

图 5.26　绘制圆弧

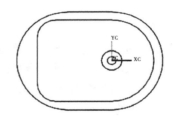

图 5.27　绘制圆弧

(9)利用"分割曲线"功能按钮▨,将右边两条圆弧分割成两段曲线,将左边圆弧及直线分割成 2 段曲线,将下边两个整圆分割成 4 段曲线,如图 5.28 所示。

(10)利用"连接直线"功能按钮▩,将左边分割的直线和圆弧、直线合并成一条直线,如图 5.29 所示。同理,将其余 3 组也合并为一条直线(共 4 组),如图 5.29 所示。

图 5.28　分割曲线

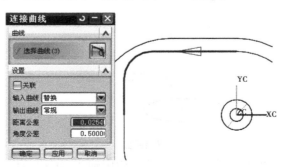

图 5.29　连接直线

（11）单击"直纹面"功能按钮 ，选择直径 12 mm 的 4 段圆弧，单击鼠标中键，选择直径 28 mm 的圆弧，注意箭头方向要一致，单击"确定"，结果如图 5.30 所示。

（12）单击"直纹面"功能按钮 ，选择直径 28 mm 的 4 段圆弧，单击鼠标中键；选择高度为 130 mm 的 4 段曲线，注意箭头方向要一致，单击"确定"，结果如图 5.31 所示。

（13）单击"直纹面"功能按钮 ，选择选择高度为 130 mm 的 4 段曲线，单击鼠标中键，选择高度为 135 mm 的 4 段曲线，单击鼠标中键，注意箭头方向要一致，单击"确定"，结果如图5.32 所示。

图 5.30　直纹曲面　　　　　　　　　　　　　图 5.31　直纹曲面

（14）选择"面倒圆"功能按钮 ，类型选择"滚动球"，"选择面链 1"：选择最下面直纹面，注意箭头向外，"选择面链 2"：选择第 2 个直纹面，注意箭头朝外，在"倒圆横截面"下的半径输入 2 mm，单击"确定"，结果如图 5.33 所示。

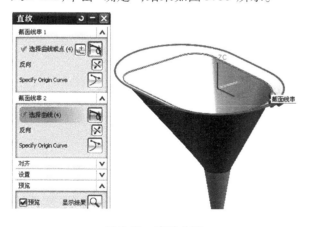

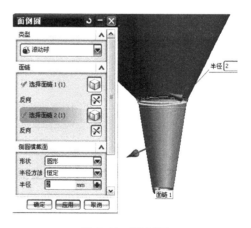

图 5.32　直纹曲面　　　　　　　　　　　　　图 5.33　面倒圆

（15）选择"面倒圆"功能按钮 ，类型选择"滚动球"，"选择面链 1"，选择第 2 个直纹面，注意箭头向外，"选择面链 2"：选择第 3 个直纹面，注意箭头朝外，在"倒圆横截面"下的半径输入 2 mm，单击"确定"。用相同的方法倒另一侧的圆角，结果如图 5.34 所示。

（16）隐藏其他图素，显示漏斗曲面，结果如图 5.35 所示。

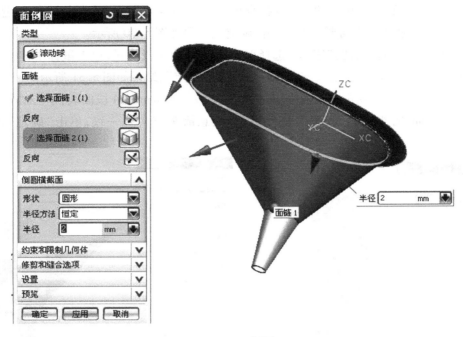

图 5.34　面倒圆

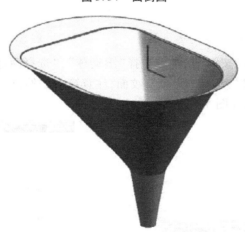

图 5.35　漏斗建模结果

【活动二】　本活动所涉及的主要建模指令

"直纹面"是由两组线串构成曲面的建模方法,其截面线可以是多条连续的曲线、实体边线,它是用一系列的直线连接两组线串编织而成的一张曲面。

直纹面的截面线串需段数相等并方向一致,否则,建立的曲面将出现变形,如图 5.36 所示;直纹的对齐方式很多,不同的对齐方式其效果是不一样的,注意根据具体情况需要而选用。参数对齐和点对齐是有区别的;直纹面的曲线可以是点,如图 5.37 至图 5.39 所示。

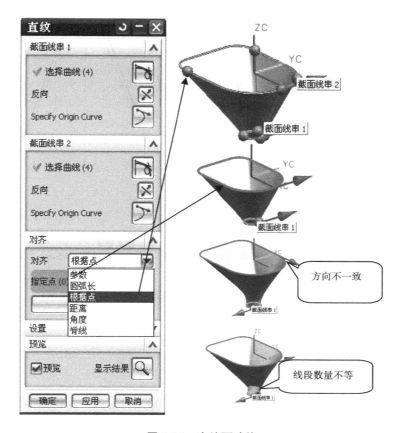

图 5.36　直纹面功能

图 5.37　参数对齐　　　　　　图 5.38　点对齐　　　　　　图 5.39　圆锥面

【任务三】　吹风口建模

【任务描述】

通过本任务的练习,掌握 UG 曲线绘制、曲线编辑、通过曲线组、边界面、曲面编辑等建模功能的用法。图 5.40 所示为吹风口工程图。

151

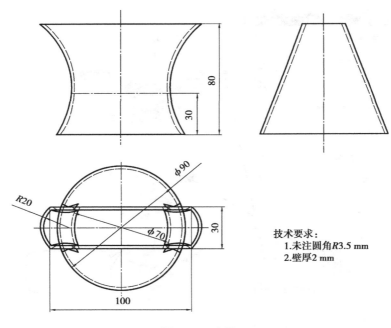

图 5.40　吹风口

技术要求：
1.未注圆角R3.5 mm
2.壁厚2 mm

【活动一】　瓜皮帽零件曲面建模

（1）单击"开始"—"程序"—"UGS NX 6.0"—"NX 6.0"进入 UGS 初始界面，单击"文件"—"新建"（快捷键 Ctrl + N）或者单击"新建"按钮 □，在"名称"对话框中输入"chuifengkou"，单位为毫米，选择模型模板，单击"确定"进入 UGS NX6.0 建模模块界面。单击"首选项"—"用户界面"，在"用户界面首选项"中取消"在跟踪条中跟踪光标的位置"，单击"确定"。

（2）单击"基本曲线"按钮 ❂，选择圆，在跟踪条一栏中输入 XC:0,YC:0,ZC:0,直径 90，回车，完成圆形绘制。

（3）选择"WCS 原点"功能按钮 ⌐，在对话框界面中输入 XC:0,YC:0,ZC:30,单击"确定"，将坐标移动到新的位置。

（4）单击"基本曲线"按钮 ❂，选择"圆"，在跟踪条一栏中输入 XC:0,YC:0,ZC:0,直径 70，回车，完成圆形绘制，如图 5.41 所示。

（5）选择"WCS 原点"功能按钮 ⌐，在对话框界面中输入 XC:0,YC:0,ZC:50,单击"确定"，将坐标移动到新的位置。

（6）单击"基本曲线"按钮 ❂，选择"直线"功能，在跟踪条一栏中输入 XC:50,YC:15,ZC:0,回车;XC：-50,YC:15,ZC:0,回车。

（7）单击"基本曲线"按钮 ❂，选择"直线"功能，在跟踪条一栏中输入 XC:50,YC：-15,ZC:0,回车;XC：-50,YC:-15,ZC:0,回车。

（8）单击"圆弧/圆"功能按钮 ⌒，在"启用捕捉点"中激活"端点"，选择"起点"和"终点"（分别为两条水平直线的端点），在"中点"选择"半径"，在"半径"中输入 20，单击"确定"，结果如图 5.42 所示。

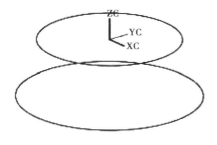

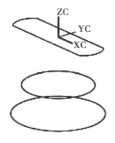

图5.41　绘制圆弧　　　　　　　　　图5.42　绘制直线与圆弧

（9）利用"分割曲线"功能按钮，将下边两个圆分割成4段曲线，将上边左右圆弧分割成2段曲线，将上边两条直线分割成2段曲线。

（10）单击"通过曲线组"功能按钮，选择直径为90 mm的4段圆弧，单击鼠标中键；选择直径高度为30 mm的4段圆弧，单击鼠标中键；选择直径高度为80 mm的4段曲线，单击鼠标中键。注意箭头方向要一致，结果如图5.43所示。

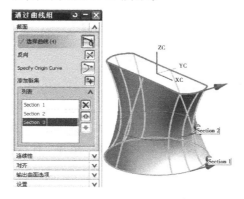

图5.43　通过曲线组建模

（11）单击"抽壳"功能按钮，选择通过曲线组建模所创建的实体，选择上下表面，输入"厚度"2 mm，单击"确定"，结果如图5.44所示。

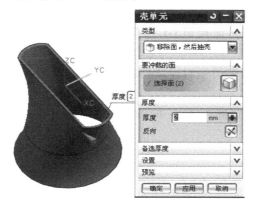

图5.44　抽壳

（12）单击"边倒圆"功能按钮，选择通过曲线组建模所创建的实体，选择上下表面，输入"厚度"2 mm，单击"确定"，吹风口建模完成，结果如图5.45所示。

153

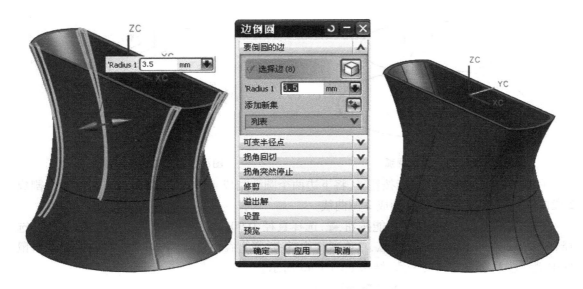

图 5.45　边倒圆

【活动二】　本活动所涉及的主要建模指令

1."通过曲线组" 建模方法

"通过曲线组"是通过选取多条曲线来创建曲面,此时直纹形状改变以穿过各截面线。"公差"选项选"交点",相交公差需大于主曲线和交叉曲线之间的距离,否则无法创建曲面。"对齐"方式有"参数、圆弧长、根据点、距离、角度、脊线、根据分段"等,如图 5.46所示。

2.曲面的连续性

①G0 位置连续性:指新构造的曲面与相连的曲面直接连接起来即可,称为 G0 连续。

②G1 相切连续性:曲面的相切连续性是指在曲面的位置连续性的基础上,新建曲面与相连曲面在相交线处相切连续,也就是相交线处的新建曲面与相连曲面具有相同的法线方向。

③G2 曲率连续性:指在曲面相切 G1 连续的基础上,要求新建曲面与相连曲面在相交线处曲率连续。

位置连续、相切类型、曲率类型对连续性的要求是逐步提高的,建模时根据具体情况选用,如图 5.47 所示。

"通过曲线组"输出曲面选项有 V 向封闭、垂直于终止截面等选项,如图 5.48、图5.49 所示。

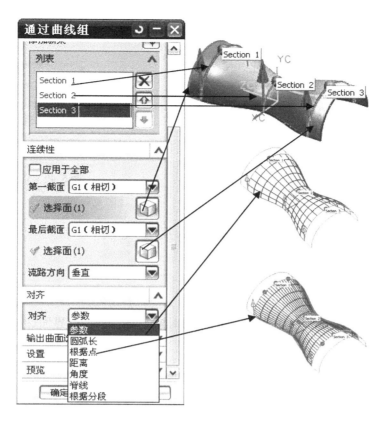

图 5.46　通过曲线组建模

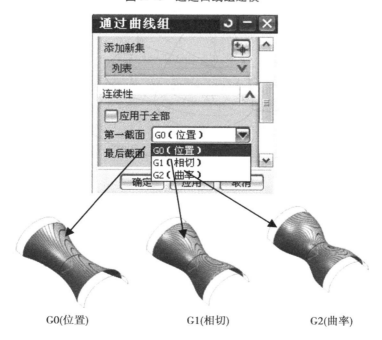

图 5.47　曲面的连续性

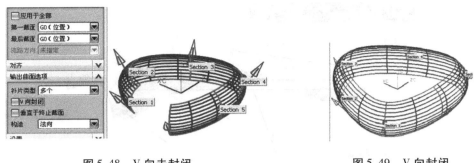

图 5.48 V 向未封闭   图 5.49 V 向封闭

【任务四】 瓜皮帽建模

【任务描述】

通过本任务的练习,掌握 UG 曲线绘制、移动对象、网格曲面、边界面、曲面编辑等建模功能的用法。图 5.50 所示为瓜皮帽设计图。

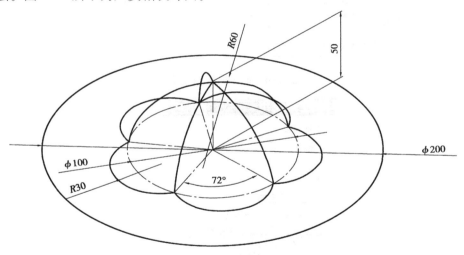

图 5.50 瓜皮帽

【活动一】 瓜皮帽零件曲面建模

(1)单击"开始"—"程序"—"UGS NX 6.0"—"NX 6.0"进入 UGS 初始界面。单击"文件"—"新建"(快捷键 Ctrl + N)或者单击"新建"按钮，在"名称"对话框中输入"guapimao"，单位为毫米,选择模型模板,单击"确定"进入 UGS NX6.0 建模模块界面。单击"首选项"—"建模",在"体类型"下选择"图纸页"。单击"首选项"—"用户界面",在"用户界面首选项"中取消"在跟踪条中跟踪光标的位置",单击"确定"。

(2)单击"基本曲线"按钮，选择圆,在跟踪条一栏中输入 XC:0,YC:0,ZC:0,直径 100,回车,完成圆形绘制。

（3）单击"基本曲线"按钮 <img_1 />，选择直线功能，在跟踪条一栏中输入 XC:0,YC:0,ZC:0,回车;XC:50,YC:0,ZC:0,回车。

（4）单击"基本曲线"按钮 <img_1 />，选择直线功能，在跟踪条一栏中输入 XC:0,YC:0,ZC:0,回车;XC:0,YC:00,ZC:50,回车，如图 5.51 所示。

（5）选择"旋转 WCS"按钮 <img_1 />，弹出"选择 WCS 绕"对话框，选择" + XC 轴:YC-ZC"，在"角度"中输入 90，单击"确定"，结果如图 5.52 所示。

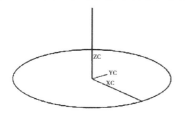

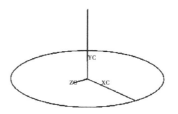

图 5.51　绘制圆弧与直线　　　　　　　　图 5.52　旋转坐标

（6）单击"基本曲线"按钮 <img_1 />，选择"圆弧"功能。创建方法:选择"中心、起点、终点"，在跟踪条一栏中输入 XC:0,YC:0,ZC:0,回车;选择水平直线的端点，再选择垂直直线的端点，单击"确定"，如图 5.53 所示。

（7）单击"设置为绝对 WCS"功能按钮 <img_1 />，将坐标设置为初始状态。

（8）单击"移动对象"功能按钮 <img_1 />，选择水平直线，"运动类型"选择角度，"指定矢量"选择 Z 轴，"轴点"选择原点，"角度"输入 72°，"结果"选择"复制原先的"，"非关联副本数"输入 1，单击"确定"，结果如图 5.54 所示。

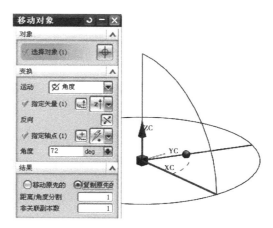

图 5.53　绘制圆弧　　　　　　　　　　图 5.54　旋转直线

（9）单击"圆弧/圆"功能按钮 <img_1 />，在"启用捕捉点"中激活"端点"，选择"起点"和"终点"（分别为两条水平面内的直线端点），"中点"选择半径，"半径"输入 30，单击"确定"，结果如图 5.55 所示。

（10）单击"移动对象"功能按钮 <img_1 />，选择两段圆弧，"运动类型"选择角度，"指定矢量"选择 Z 轴，"轴点"选择原点，"角度"输入 72°，"结果"选择"复制原先的"，"非关联副本数"输入 4，单击"确定"，结果如图 5.56 所示。

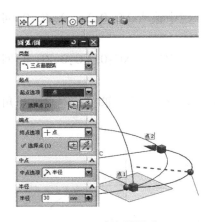

图 5.55　绘制圆弧

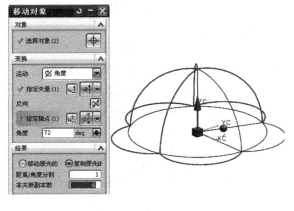

图 5.56　旋转复制圆弧

（11）单击"基本曲线"按钮 ，选择圆，在跟踪条一栏中输入 XC:0,YC:0,ZC:0,直径 200,敲回车键，完成圆形绘制，如图 5.57 所示。

（12）单击"通过曲线网格"按钮 ，将"公差"—"交点"设置为 0.5,依次选择水平面的五个圆弧（花瓣），注意起点要一致，箭头方向相同，单击鼠标中键，选择竖直线上端点，单击中键两次，然后依次选择五条竖立的圆弧，每选择一条圆弧单击中键一次，注意第一条要选择两次，结果如图 5.58 所示。

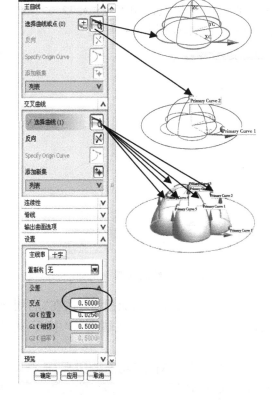

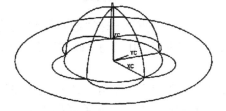

图 5.57　绘制圆弧

图 5.58　网格曲面

（13）创建有界平面,选择"有界平面"按钮▣,选择直径为 200 mm 的圆弧,单击"确定",结果如图 5.59 所示。

（14）修剪体:选择"修剪的片体"功能按钮◈,在对话框中"目标"中的选择片体项激活后选择有界平面创建的片体,然后选择五条花瓣圆弧为边界对象,单击"确定",完成瓜皮帽建模,结果如图 5.60 所示。

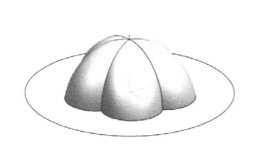

图 5.59　有界平面

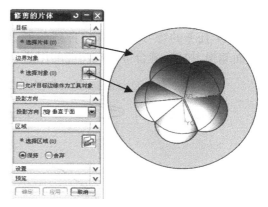

图 5.60　修剪曲面

【活动二】　本活动所涉及的主要建模指令

"通过曲线网格"建模方法是选择通过一个方向的截面网格线和另一方向的引导线来创建曲面。"公差"选项:"交点",相交公差需大于主曲线和交叉曲线之间的距离,否则无法创建曲面。"G0""G1""G2"选项和前面的"通过曲线组"的"连续性"相一致。建模方法如图 5.61所示。

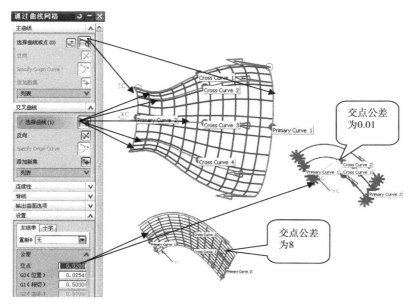

图 5.61　通过曲线网格建模

【任务五】 风扇建模

【任务描述】

通过本任务的练习,掌握 UG 曲线绘制、网格曲面、边界面、扫掠曲面、抽取曲面、移动对象、曲面编辑、拉伸、缝合等建模功能的用法。图 5.62 所示为风扇零件图。

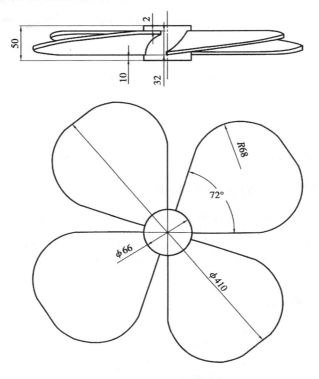

图 5.62　风扇零件图

【活动一】　风扇零件曲面建模

(1)单击"开始"—"程序"—"UGS NX 6.0"—"NX 6.0"进入 UGS 初始界面。单击"文件"—"新建"(快捷键 Ctrl + N)或者单击"新建"按钮，在"名称"对话框中输入"fengshan"，单位为毫米,选择模型模板,单击"确定"进入 UGS NX6.0 建模模块界面。单击"首选项"—"建模":在"体类型"下选择"图纸页"。单击"首选项"—用户界面:在"用户界面首选项"中取消"在跟踪条中跟踪光标的位置"选项,单击"确定"。

(2)单击"螺旋线"按钮，输入"圈数"为0.2,"螺距"为 150 mm,"输入半径"为 33 mm,"螺旋方向"为右手,单击"应用",完成螺旋线绘制,如图 5.63 所示。

(3)单击"螺旋线"按钮，输入"圈数"为0.2,"螺距"为 150 mm,"输入半径"为205 mm,"螺旋方向"为右手,单击"应用",完成螺旋线绘制,如图 5.64 所示。

（4）单击"基本曲线"按钮 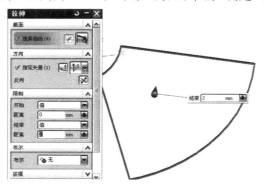，选择"直线"功能，选择"点方法"为端点，取消"线串模式"，分别选取两条螺旋线端点，得到两条直线，如图5.65所示。

（5）扫掠曲面1：选择"扫掠"按钮 ，打开"扫掠"对话框，选择直径为66 mm的螺旋线，单击鼠标中键，选择直径为410 mm的螺旋线，单击鼠标中键两次，选择直线1，单击鼠标中键，选择直线2，单击鼠标中键，单击"确定"，结果如图5.66所示。

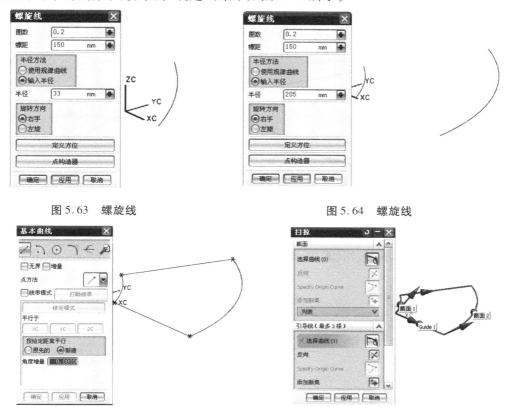

图5.63　螺旋线　　　　　　　　　　　图5.64　螺旋线

图5.65　绘制直线　　　　　　　　　　图5.66　扫掠曲面1

（6）选择"拉伸"特征按钮 ，选择所画扫掠曲面边沿线线框，"指定矢量"为ZC轴，限制"开始"距离为0 mm，"结束"距离为2 mm，"布尔"为无，单击"确定"，如图5.67所示。

图5.67　拉伸曲面

（7）扫掠曲面 2：选择"扫掠"按钮，打开"扫掠"对话框，选择拉伸螺旋边缘 1，单击鼠标中键，选择拉伸螺旋边缘 2，单击鼠标中键两次，选择拉伸直线边缘 1，单击鼠标中键，选择拉伸直线边缘 2，单击鼠标中键，单击"确定"，结果如图 5.68 所示。

（8）单击"缝合"功能按钮，"目标"选择扫掠曲面 2，单击鼠标中键，"刀具"选择前面所有曲面，单击"确定"，结果如图 5.69 所示。

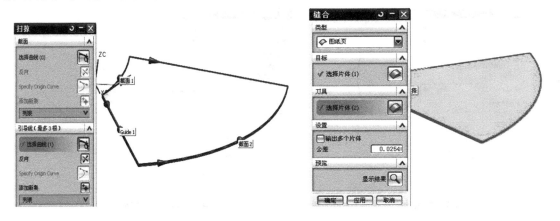

图 5.68　扫掠曲面 2　　　　　　　　　　　　　　图 5.69　　缝合

（9）单击"边倒圆"功能按钮，选择两个拉伸锐角边缘，输入半径 60 mm，单击"确定"，如图 5.70 所示。

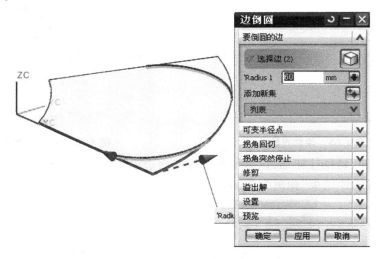

图 5.70　倒圆角

（10）选中缝合曲面，单击"移动对象"功能按钮，"运动类型"选择角度，"指定矢量"选择 Z 轴，"轴点"选择原点，"角度"输入 90°，"结果"选择"复制原先的"，"非关联副本数"输入 3，单击"确定"，结果如图 5.71 所示。

（11）单击特征工具条按钮"圆柱"，进入圆柱建模界面，"指定矢量"为 ZC 轴，单击"指定点"，弹出点对话框，输入坐标 X0，Y0，Z-10，再输入直径 68 mm，高度 50 mm，单击"确定"，如图 5.72 所示。

（12）单击"抽取"功能按钮![按钮]，选择圆柱表面，然后隐藏圆柱实体，结果如图5.73所示。

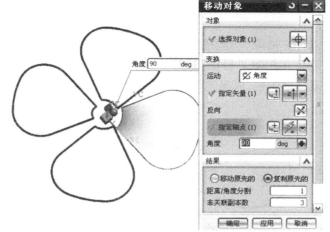

图5.71　移动对象

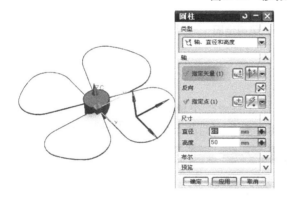

图5.72　建立圆柱体

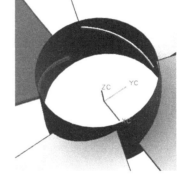

图5.73　抽取圆柱面

（13）选择"修剪的片体"功能按钮![按钮]，在对话框中"目标"选择其中的一个风轮片体，然后选择圆柱面，单击"确定"，结果如图5.74所示。

图5.74　修剪风轮曲面

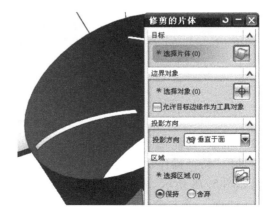

图5.75　修剪圆柱曲面

（14）选择"修剪的片体"功能按钮，在对话框中"目标"选择圆柱面，然后选择上一步所选的风轮片体，单击"确定"。然后用上一步和本步的方法修剪其余 3 个风轮片体，结果如图5.75 所示。

（15）显示圆柱体，单击"抽取"功能按钮，选择圆柱上下表面，单击"确定"。

（16）单击"缝合"功能按钮，"目标"选择圆柱面，单击鼠标中键，"刀具"选择前面所有曲面，单击"确定"，隐藏其他图素，风扇建模完成，结果如图5.76 所示。

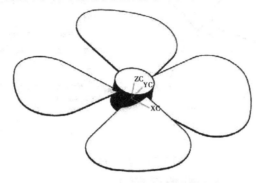

图 5.76　风扇全图

【活动二】　本活动所涉及的主要建模指令

1. 缝合

"缝合"功能可以将两个或两个以上的片体缝合成一个单一的片体，同时可以将封闭为一定体积的片体缝合处设为实体，同时可以将具有重合面的两个实体进行缝合，如图5.77 所示。

图 5.77　缝合功能

2."抽取"功能

"抽取"特征操作功能用于将实体中的面抽取出来生成片体，在"抽取"功能中有 3 种抽取方式，如图5.78 所示。

（1）"面"：该方式可以抽取单个面、相邻面、体的面和面链；

（2）"面区域"：该方式需指定种子面，再指定边界面，该方式抽取的是一个整体面；

（3）"体"：该方式实际上是对原来的实体对象进行复制。

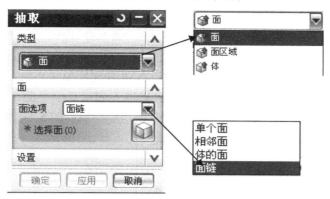

图 5.78　抽取功能

【任务六】　曲线槽建模

【任务描述】

通过本任务的练习,掌握 UG 曲线绘制、曲线编辑、扫掠曲面、修剪体、曲面编辑等建模功能的用法。图 5.79 所示为曲线槽建模。

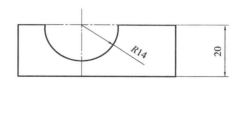

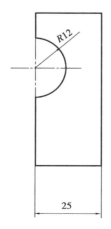

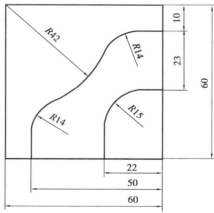

图 5.79　曲线槽建模

【活动】 曲线槽零件建模

（1）单击"开始"—"程序"—"UGS NX 6.0"—" NX 6.0"进入 UGS 初始界面。单击"文件"—"新建"（快捷键 Ctrl＋N）或者单击"新建"按钮，在"名称"对话框中输入"quxiancao"，单位为毫米，选择模型模板，单击"确定"进入 UGS NX6.0 建模模块界面。

（2）单击"插入"—"草图"或者单击工具按钮进入创建草绘界面，"平面"选项选为"创建平面"，选择 XC-YC 平面，进入草图界面，运用草图功能绘制如图 5.80 所示草图。

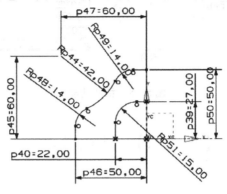

图 5.80　草图

（3）单击"插入"—"草图"或者单击工具按钮进入创建草绘界面，平面选项选为创建平面，选择 XC-ZC 平面，进入草图界面，运用草图功能，绘制如图 5.81 所示草图。

（4）单击"插入"—"草图"或者单击工具按钮进入创建草绘界面，平面选项选为创建平面，选择 YC-ZC 平面，进入草图界面，运用草图功能，绘制如图 5.82 所示草图。

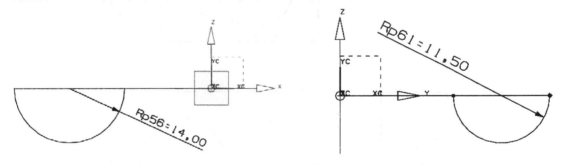

图 5.81　绘制圆弧 1　　　　　　　　　　图 5.82　绘制圆弧 2

（5）扫掠曲面：选择"扫掠"按钮，打开"扫掠"对话框，选择第 3 步绘制的圆弧，单击鼠标中键，选择第 4 步绘制的曲线，单击鼠标中键 2 次；再依次选择第 2 步绘制的两条曲线作为引导线，单击"确定"，结果如图 5.83 所示。

（6）选择"长方体"按钮，打开"长方体"对话框，选择"指定点"—"点构造器"，输入坐标 XC：－60，YC：0，ZC：－20，单击"确定"，在尺寸栏输入长度 60，宽度 60，高度 20，单击"确定"，结果如图 5.84 所示。

（7）选择"修剪体"按钮，打开"修剪体"对话框，选择"目标"为长方体，选择"刀具"为扫掠曲面，注意方向向上，单击"确定"，结果如图 5.85 所示。

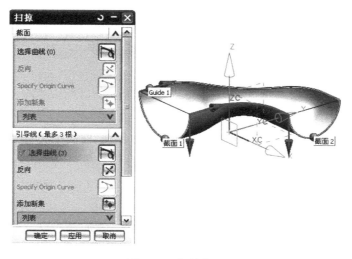

图5.83 扫掠曲面

（8）选择"隐藏"按钮 ，打开"类选择"对话框，选择"类型过滤器"，弹出"根据类型选择"对话框，选择"草图、曲线、片体等"，单击"确定"，单击"全选"，单击"确定"，结果如图5.86所示。

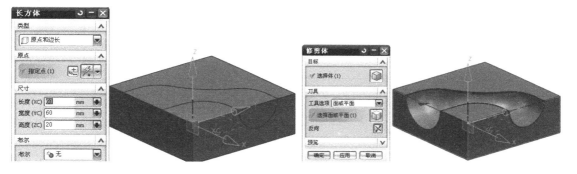

图5.84 长方体建模 | 图5.85 修剪体

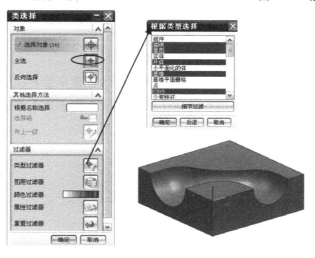

图5.86 隐藏

【任务七】　饮料瓶建模

【任务描述】

过本任务的练习,掌握 UG 曲线绘制、扫掠曲面、边界面、曲面编辑等建模功能的用法,此时直纹形状匹配曲线网格。图 5.87 所示为饮料瓶建模。

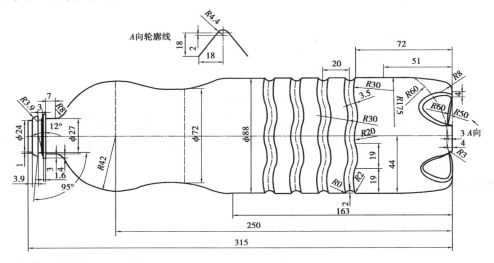

图 5.87　饮料瓶建模

【活动一】　饮料瓶零件建模

(1)单击"开始"—"程序"—"UGS NX 6.0"—"NX 6.0"进入 UGS 初始界面。单击"文件"—"新建"(快捷键 Ctrl + N)或者单击"新建"按钮 ,在"名称"对话框中输入"yinliaoping",单位为毫米,选择模型模板,单击"确定"进入 UGS NX6.0 建模模块界面。单击"首选项"—"建模",在"体类型"下选择"图纸页"。单击"首选项"—"用户界面",在"用户界面首选项"中取消"在跟踪条中跟踪光标的位置",单击"确定"。

(2)单击"插入"—"草图"或者单击工具按钮 进入创建草绘界面,"平面"选项选为"创建平面",选择 XC-ZC 平面,进入草图界面,运用草图功能绘制如图 5.88 所示草图。

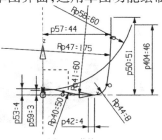

图 5.88　草绘

（3）单击"插入"—"草图"或者单击工具按钮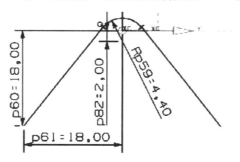进入创建草绘界面,平面选项选为创建平面,选择 YC-ZC 平面,进入草图界面,运用草图功能绘制如图 5.89 所示草图。

图 5.89　草绘

（4）选择"回转"按钮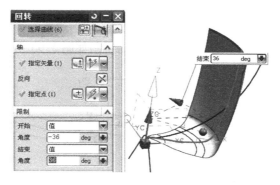,选择第 2 步所画草图线框 1,"指定矢量"为 ZC 轴,"指定点"为默认（或为 0,0,0）,"开始"角度为 –36,"结束"角度为 36,"布尔"为无,单击"确定",如图 5.90 所示。

图 5.90　旋转

（5）扫掠曲面:选择"扫掠"按钮,打开"扫掠"对话框,选择第 3 步绘制的曲线,单击鼠标中键 2 次;再选第 2 步绘制的曲线作为引导线,单击"确定",结果如图 5.91 所示。

（6）修剪:选择"修剪的片体"功能按钮,在对话框中"目标"选择其中的一个风轮片体,然后选择圆柱面,单击"确定",结果如图 5.92 所示。

图 5.91　扫掠曲面

图 5.92　修剪曲面

（7）面倒圆:选择"面倒圆"功能按钮,类型选择"滚动球","选择面域 1"选择旋转曲面,注意箭头向内,"选择面域 2"选择扫掠曲面,箭头朝内,在"倒圆横截面"下的半径输入 3 mm,单击"确定",结果如图 5.93 所示。

(8)旋转:选中图 5.93 所示曲面,单击"移动对象"功能按钮,"运动类型"选择角度,"指定矢量"选择 Z 轴,"轴点"选择原点,"结果"选择"复制原先的","非关联副本数"输入 4,单击"确定",结果如图 5.94 所示。

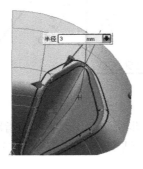
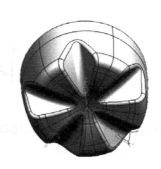

图 5.93 面倒圆　　　　　　　　　　　　　　图 5.94 旋转曲面

(9)单击"插入"—"草图"或者单击工具按钮进入创建草绘界面,平面选项选为创建平面,选择 XC-ZC 平面,进入草图界面,运用草图功能绘制如图 5.95 所示草图。

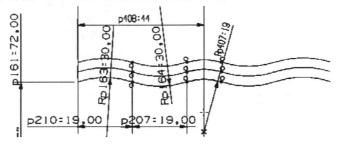

图 5.95 绘制草图

(10)单击"基本曲线"按钮,选择圆弧功能,在跟踪条一栏中输入 XC:0,YC:0,ZC:155,"半径"输入 44,然后回车,绘出一个圆,然后选择"偏置"功能按钮,选择圆,输入"偏置"距离为 2 mm,得到另外一个圆,如图 5.96 所示。

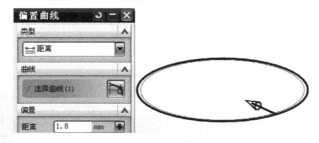

图 5.96 偏置曲线

(11)选择"组合投影"功能按钮,选择半径为 44 mm 的圆,单击鼠标中键,选择第 9 步所绘的草图曲线 1,单击"应用";继续应用"组合投影"功能,选择半径为 40 mm 的圆,单击鼠标中键,选择第 9 步所绘的草图曲线 2,单击"应用";继续应用"组合投影"功能,选择半径为

44 mm 的圆，单击鼠标中键，选择第 9 步所绘的草图曲线 3，单击“确定”，得到 3 条投影曲线，如图 5.97 所示。

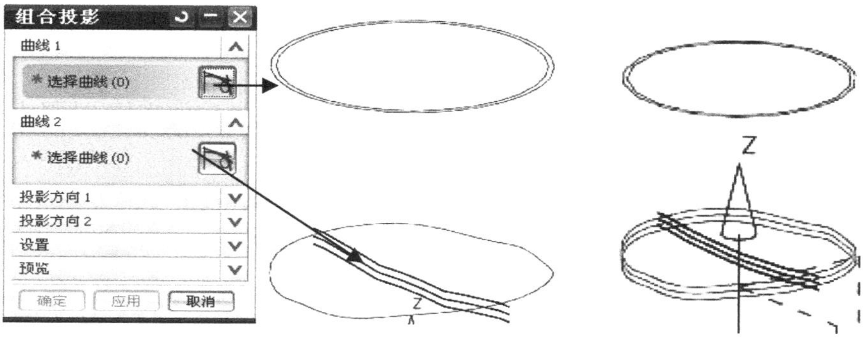

图 5.97　投影曲线

（12）激活“剖切曲面”功能按钮。选择剖切曲面：“三点-圆弧”功能，选择上边的一条投影线，单击鼠标中键；选择下边的一条投影线，单击鼠标中键；选择中间的一条投影线，单击鼠标中键；再选择中间的一条投影线，单击鼠标中键。完成剖切曲面如图 5.98 所示。

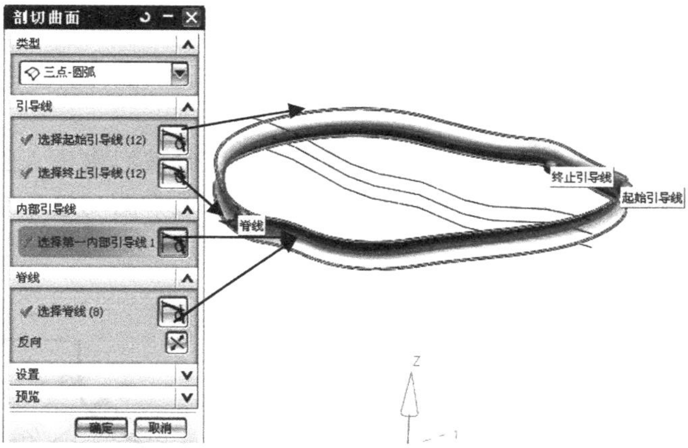

图 5.98　创建剖切曲面

（13）移动：选中剖切曲面，单击“移动对象”功能按钮，“运动类型”选择距离，“指定矢量”选择 Z 轴，输入“距离”20 mm ，“结果”选择“复制原先的”，“非关联副本数”输入 3，单击“确定”，移动复制 3 个曲面如图 5.99 所示。

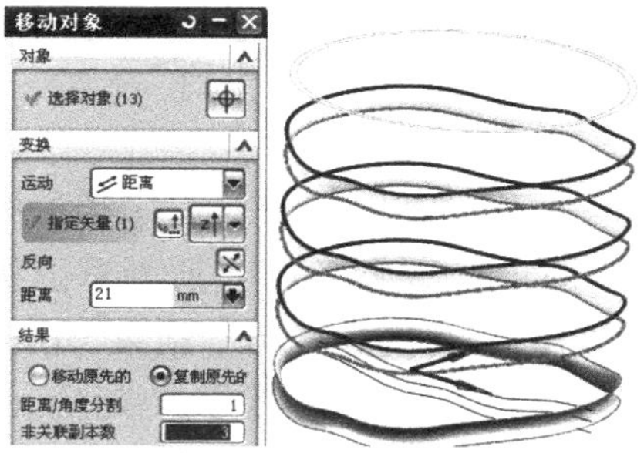

图 5.99　移动曲面

（14）单击特征工具条按钮"圆柱"■，进入圆柱建模界面，"指定矢量"为 ZC 轴，单击"指定点"，弹出点对话框，输入坐标 X0，Y0，Z51，再输入"直径"88 mm，"高度"100 mm，单击"确定"。

（15）选择"修剪体"按钮■，打开"修剪体"对话框，选择"目标"为圆柱体，选择"刀具"为剖切曲面，注意方向向外，单击"确定"，结果如图 5.100 所示。

（16）单击"边倒圆"功能按钮■，选择通过曲线组建模所创建的实体，选择上下表面，输入"半径"2 mm，单击"确定"，结果如图 5.101 所示。

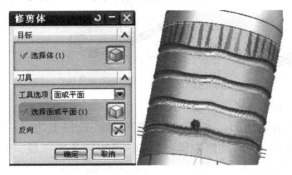

图 5.100　修剪体

图 5.101　边倒圆

（17）抽取片体：单击"抽取"功能按钮■，选择圆柱表面，单击"确定"，结果如图 5.102 所示。

（18）绘制瓶颈草图：单击"插入"—"草图"或者单击工具按钮■进入创建草绘界面，平面选项选为创建平面，选择 XC-ZC 平面，进入草图界面，运用草图功能绘制如图 5.103 和图 5.104 所示草图。

图 5.102　抽取片体

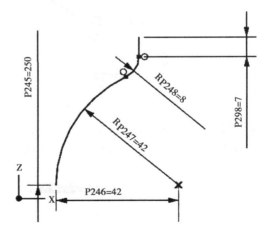

图 5.103　瓶颈草图 1

（19）旋转片体：选择"回转"按钮■，选择第 2 步所画草图线框 1，"指定矢量"为 ZC 轴，"指定点"为默认（或为 0,0,0），"开始"角度为 −36，"结束"角度为 36，"布尔"为无，单击"确定"，如图 5.105 所示。

（20）选择"拉伸"特征按钮■，选择圆柱体边缘，"指定矢量"为 ZC 轴，限制"开始"距离为 0 mm，"结束"距离为 10 mm，"布尔"为无，"单击"确定"，如图 5.106 所示。

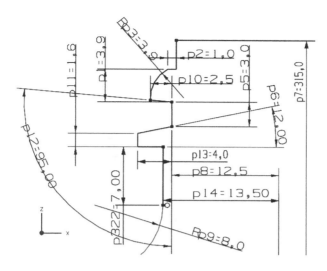

图 5.104　瓶颈草图 2

图 5.105　旋转片体

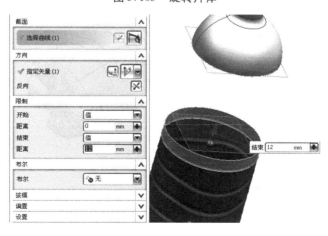

图 5.106　拉伸曲面

（21）单击"基本曲线"按钮 🖋，选择圆弧功能，在跟踪条一栏中输入 XC:0,YC:0,ZC:200，"半径"36，然后回车，绘出一个圆。

通过曲线组建立曲面：单击"通过曲线组"功能按钮 🛠，选择直径为 88 mm 的拉伸曲面圆弧（也可以绘制一个圆），单击鼠标中键；选择直径为 72 mm 的圆弧，单击鼠标中键；选择直径高度为 84 mm 的回转曲面边缘曲线，单击鼠标中键。注意箭头方向要一致，"连续性"中"第一

173

截面"选择"G1","最后截面"选择"G1",结果如图5.107所示。

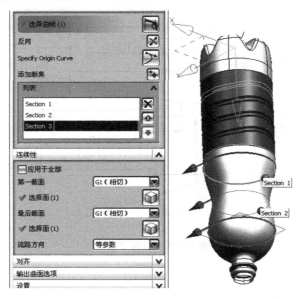

图5.107 通过曲线组创建曲面

(22)运用"修剪的片体"功能按钮 🔄 和"缝合"功能按钮 🔟,完成饮料瓶的创建,结果如图
5.108所示。

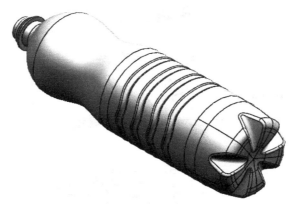

图5.108 饮料瓶建模结果

【活动二】 本活动所涉及的主要建模指令

1."组合投影" 🔲

"组合投影"功能主要用于将两条选定的曲线沿各自的投影方向投影生成另一条新的曲
线,其实质是曲线投影的两个曲面的交线(相贯线),组合投影在艺术化设计和工业产品造型
方面运用广泛。

使用"组合投影"功能时,先选择曲线1,再选择曲线2,可以调整两条直线的投影方向,单
击"确定",便会生成一条新的曲线,如图5.109所示。

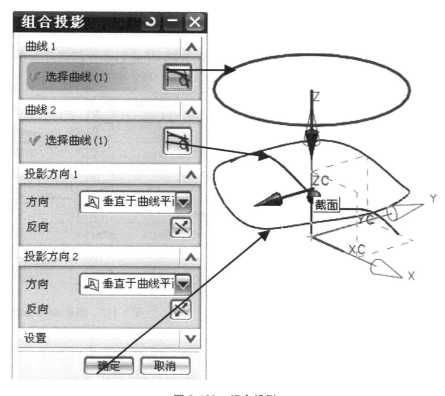

图 5.109 组合投影

2. "剖切曲面"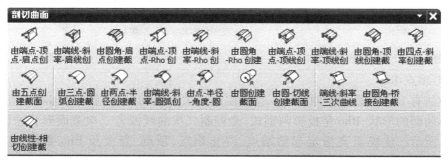

"剖切曲面"与"扫掠曲面"类似,其特征是剖切曲面的每个截面都与用户指定的脊线垂直,功能组可以看作是一系列截面曲线(如二次曲线)的集合,这些截面线在指定的平面内,在控制曲线范围内编织成一张二次曲面。

"剖切曲面"功能极其丰富和强大,变化很多,可以根据曲面构造的需要进行合理选择。

单击"剖切曲面工具条"按钮 ,激活后的"剖切曲面"工具如图 5.110 所示。

用户除了可以选择 20 种截面类型外,还可以指定生成截面的类型(如 U 向)和拟合类型(如 V 向)来改变剖切曲面的形状。

图 5.110 剖切曲面组功能按钮

1)端点-顶点-肩点

需要指定端点、肩点、终止端点、顶点及脊线 5 条控制线,建模时,需要指定起始引导线、顶线、肩曲线、脊线进行建模,如图 5.111 所示。

2)端点-斜率-肩点

需要指定起始引导线、起始斜率控制线、肩曲线、脊线、终止斜率控制线等 6 条控制线,如图 5.112 所示。

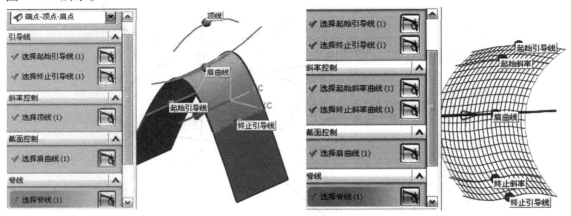

图 5.111　端点-顶点-肩点　　　　　　　图 5.112　端点-斜率-肩点

3)圆角-肩线(点)

建立的曲面与指定曲面是相切的关系,需要指定起始曲面、起始曲面上的一条起始曲线、肩点、终止曲面、终止曲面上的一条终止曲线及脊线,如图 5.113 所示。

4)3 点-圆弧面

由 3 条曲线为控制线,建立一个圆弧曲面通过这 3 条曲线。建模时需要指定第一条曲线、第二条曲线、第三条曲线、脊线,如图 5.114 所示。

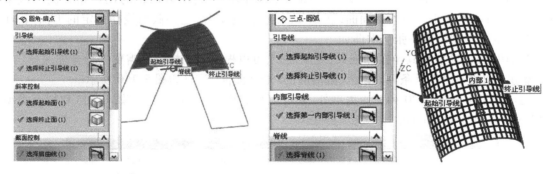

图 5.113　圆角-肩线(点)　　　　　　　图 5.114　3 点-圆弧面

5)端点-顶点-Rho

剖切方法有 Rho 和最小拉伸两种。通过控制二次曲线的投影判别式 Rho 的值的大小来构成截面体曲面的形状,Rho 是投影判别式,是控制二次曲线或者二次截面形状的比例数值,如图 5.115 所示。建模需要指定起始端点、终止端点、顶点、脊线及 Rho 数值,如图 5.116 所示。

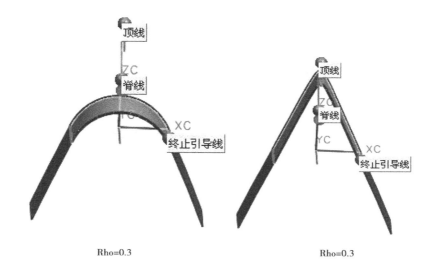

Rho=0.3   Rho=0.3

图 5.115 端点-顶点-Rho

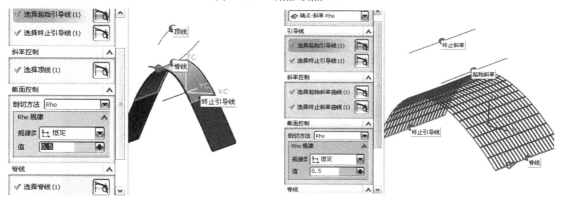

图 5.116 端点-顶点-Rho   图 5.117 端线（点）-斜率-Rho

6）端线（点）-斜率-Rho

指定曲面的起始和终止点以及曲面在起始和终止端点的斜率控制线，加上 Rho 值来控制曲面形状。建模时需要指定起始端点、起始点的斜率控制线、终止端点、终止端点的斜率控制线、脊线及 Rho 数值，如图 4.117 所示。

7）两点-半径

在指定半径值的两条曲线之间建立圆弧曲面，半径值必须大于直线间的距离，建模时需要指定第一组曲线、第二组曲线、脊线、半径值，如图 5.118 所示。

8）圆角-Rho

通过指定的两组曲面及曲面上的两组曲线，建立一过渡曲面来连接这两组曲面，可以改变 Rho 的数值来控制曲面形状。建模时需要指定第一组曲面、第一组曲面上的曲线、第二组曲面、第二组曲面上的曲线、脊线及 Rho 值，如图 5.119 所示。

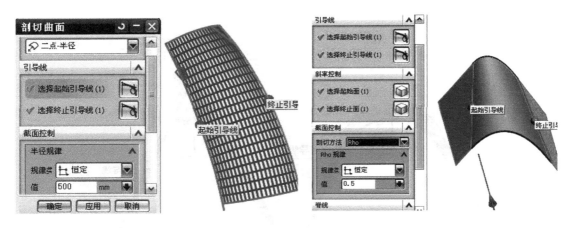

图 5.118　两点-半径　　　　　　　　　图 5.119　圆角-Rho

9）端点-顶点-顶线（高亮）

通过指定曲面的两个端点和顶点、高亮起始和终止曲线来建立曲面。顶线（高亮）指截面体曲线的 U 向截面线（垂直于脊线），是一条二次曲线。建模时需要指定起始端点、终止端点、顶点、高亮起始曲线、高亮终止曲线及脊线，如图 5.120 所示。

10）端点-斜率-顶线（高亮）

建模时需要指定曲面的起始端点、控制曲线、终止端点、终止控制点、顶线（高亮）起始曲线及终止曲线，如图 5.121 所示。

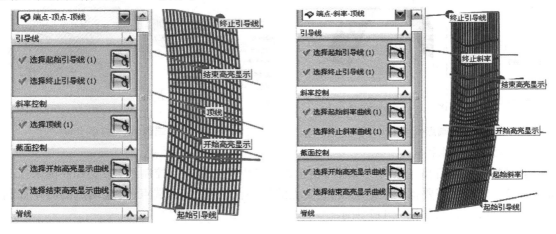

图 5.120　端点-顶点-顶线（高亮）　　　图 5.121　端点-斜率-顶线（高亮）

11）圆角-顶线（高亮）

通过指定两组曲面以及两组曲面上的线串作为截面体曲面的起始和终止端点，再加上顶线起始曲线和高亮终止曲线而产生的一张截面体曲面。建模时需要选择起始曲面、起始端点、终止端点、高亮起始曲线、高亮终止曲线及脊线，如图 5.122 所示。

12）端点-斜率-圆弧

通过指定起始端点及起始端点的斜率控制曲线、终止端点来建立一张圆弧曲面。建模时需指定起始端点、起始端点的控制曲线、终止端点及脊线，如图 5.123 所示。

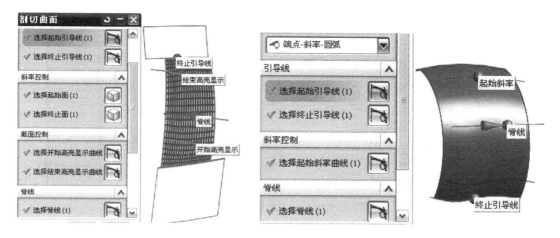

图 5.122　圆角-顶线（高亮）　　　　　　图 5.123　端点-斜率-圆弧

13）端点-斜率-3 次

选择起始和终止端点以及这两条曲线的斜率控制线来建立曲面,如图 5.124 所示。

14）圆角-桥接

用曲率或者斜率连续方式在两组曲面上建立桥接曲面,建模时需要指定第一组曲面、第一组曲面上的曲线、第二组曲面、第二组曲面上的曲线及脊线,如图 5.125 所示。

15）四点-斜率

通过选择通过曲面上的 4 条曲线,选择第一条起始曲线的斜率控制线生成截面体曲面。建模时需要选择起始端点、起始端点的控制线、内部第一条、内部第二条曲线、终止端点、脊线,如图 5.126 所示。

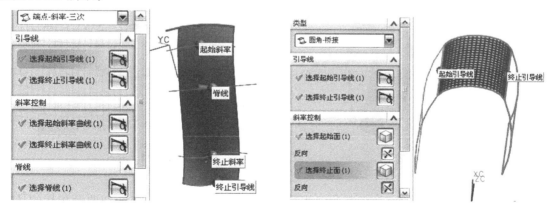

图 5.124　端点-斜率-3 次　　　　　　图 5.125　圆角-桥接

16）线性-相切

通过选择一个相切曲面,一条起始曲线建立一个和相切曲面相切的直纹面,角度值指定为 0 时创建为相切曲面,如图 5.127 所示。

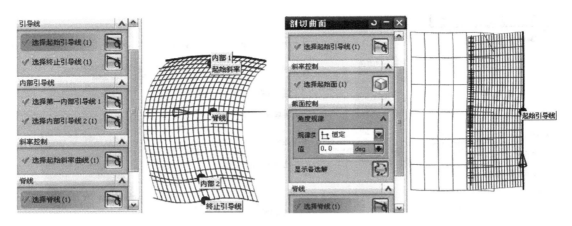

图 5.126　四点-斜率　　　　　　　　　　图 5.127　线性-相切

17）圆

通过选择一条引导线曲线,指定一条脊线(可以选择方位引导线)以建立以引导线为中心的圆管,如图 5.128 所示。

18）五点

通过指定 5 条曲线及一条脊线曲线来建立二次曲面,如图 5.129 所示。

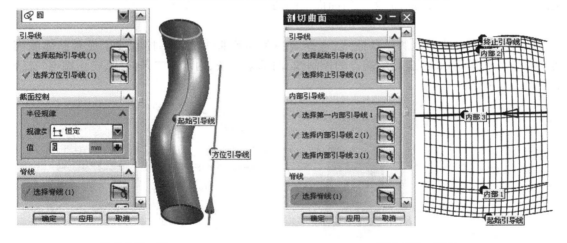

图 5.128　圆　　　　　　　　　　　图 5.129　五点

19）圆弧-相切

通过指定一个相切曲面,一条起始曲线及一个圆弧半径生成一张与相切曲面相切的从起始曲线开始的圆弧面。其半径值需要大于直线和圆弧之间的距离,如图 5.130 所示。

20）点-半径-角度-圆弧

通过选择一张曲面以及一条曲线,建立一张与指定曲面成一定角度的圆弧面。建模时需要指定曲面、曲面上的边线作起始曲线、脊线、设定半径值生成曲面,如图 5.131 所示。

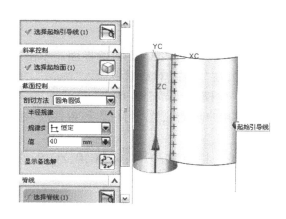

图5.130　圆弧-相切

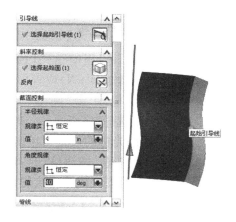

图5.131　线-半径-角度-圆弧

【任务八】　盘子建模

【任务描述】

通过本任务的练习,掌握 UG 曲线绘制、扫掠曲面、边界面、曲面编辑等建模功能的用法,此时直纹形状匹配曲线网格。图5.132所示为盘子零件图。

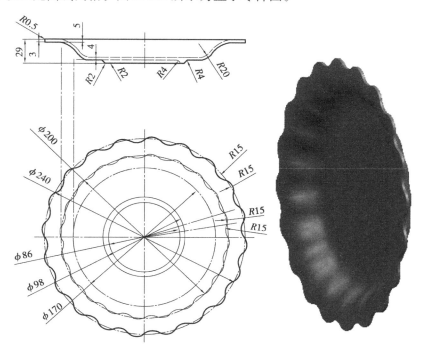

图5.132　盘子零件图

【活动】 盘子零件建模

(1)单击"开始"—"程序"—"UGS NX 6.0"—"NX 6.0"进入 UGS 初始界面。单击"文件"—"新建"(快捷键 Ctrl + N)或者单击"新建"按钮□,在"名称"对话框中输入"panzi",单位为毫米,选择模型模板,单击"确定"进入 UGS NX6.0 建模模块界面。单击"首选项"—"建模",在"体类型"下选择"图纸页"。单击"首选项"—"用户界面",在"用户界面首选项"中取消"在跟踪条中跟踪光标的位置",单击"确定"。

(2)单击"基本曲线"按钮◉,选择"圆",在跟踪条一栏中输入 XC:0,YC:0,ZC:0,直径 240,回车,单击"取消",完成圆形绘制,如图 5.133 所示。

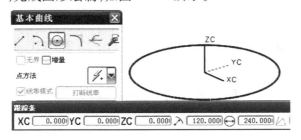

图 5.133　绘制圆

(3)单击"基本曲线"按钮◉,选择"直线",在跟踪条一栏中输入 XC:0,YC:0,ZC:0,回车;输入 XC:250,YC:0,ZC:0,回车,单击"取消",完成直线绘制,如图 5.134 所示。

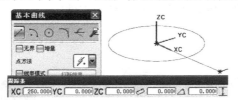

图 5.134　绘制直线

(4)选择"移动对象"功能按钮🖇,弹出"移动对象"对话框,选择直线,在运动选项中选择"角度",在"指定矢量"下拉菜单中选择 Z 轴,在"指定轴点"选项中输入 XC:0,YC:0,ZC:0,在"角度"中输入9,在结果中选择"复制原先的","非关联副本数"中输入2,单击"确定",结果如图 5.135 所示。

(5)选择"WCS 原点"功能按钮⅃,在点对话框中输入 XC:0,YC:0,ZC: - 5;单击"确定",如图 5.136 所示。

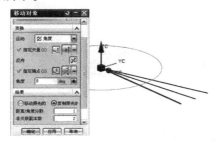

图 5.135　旋转复制直线

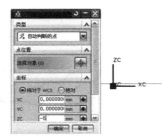

图 5.136　设置坐标

（6）单击"基本曲线"按钮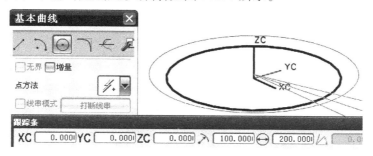，选择"圆"，在跟踪条一栏中输入 XC：0，YC：0，ZC：0，"直径"输入 200，回车，单击"取消"，完成圆形绘制，如图 5.137 所示。

图 5.137　绘制圆

（7）单击"基本曲线"按钮，选择"直线"，在跟踪条一栏中输入 XC：0，YC：0，ZC：0，回车；输入 XC：250，YC：0，ZC：0，回车，单击"取消"，完成直线绘制，如图 5.138 所示。

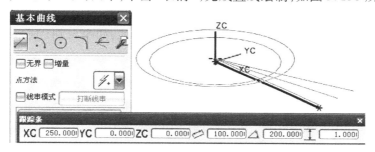

图 5.138　绘制直线

（8）选择"移动对象"功能按钮，弹出"移动对象"对话框，选择直线，在"运动"选项中选择"角度"，在"指定矢量"下拉菜单中选择 Z 轴，在"指定轴点"选项中输入 XC：0，YC：0，ZC：0，在"角度"中输入 9，在结果中选择"复制原先的"，"非关联副本数"中输入 2，单击"确定"，结果如图 5.139 所示。

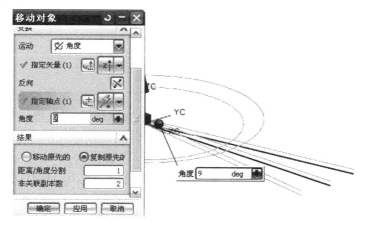

图 5.139　复制直线

（9）选择"圆弧/圆"功能按钮，选择两个直径为 200 mm 的圆的交点，"半径"输入 15 mm，绘制两段相交圆弧，如图 5.140 所示。

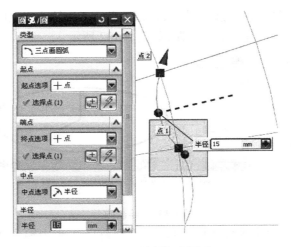

图 5.140　绘制相交圆弧

（10）单击"设置为绝对 WCS"功能按钮 ，选择"圆弧/圆"功能按钮 ，选择两个直径为 240 mm 的圆的交点，"半径"输入 15mm，绘制两段相交圆弧，如图 5.141 所示。

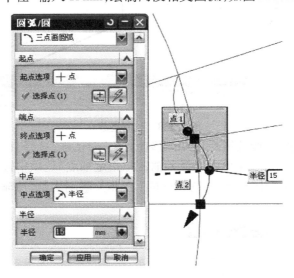

图 5.141　绘制圆弧

（11）选择"移动对象"功能按钮 ，弹出"移动对象"对话框，选择前面绘制的四段圆弧，在运动选项中选择"角度"，在"指定矢量"下拉菜单中选择 Z 轴，在"指定轴点"选项中输入 XC:0,YC:0,ZC:0，在"角度"中输入 18，在"结果"中选择"复制原先的"，"非关联副本数"中输入 20，单击"确定"，结果如图 5.142 所示。

（12）选择"WCS 原点"功能按钮 ，在点对话框中输入 XC:0,YC:0,ZC:−22，单击"确定"，如图 5.143 所示。

（13）单击"基本曲线"按钮 ，选择"圆"，在跟踪条一栏中输入 XC:0,YC:0,ZC:0，"直径"输入 170，回车，单击"取消"，完成圆形绘制，如图 5.144 所示。

（14）选择"分割曲线"功能按钮 ，选择所画直径为 170 mm 的圆，指定"段数"为 40，单击"确定"，如图 5.145 所示。

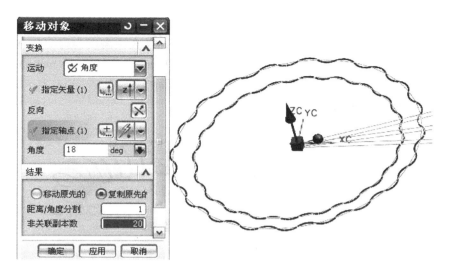

图 5.142　复制圆弧

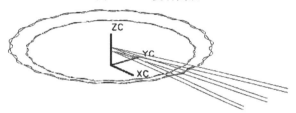

图 5.143　移动坐标系

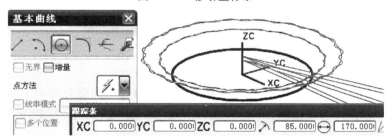

图 5.144　绘制圆

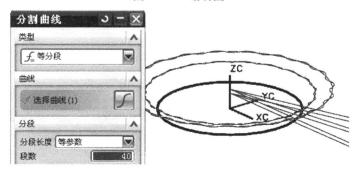

图 5.145　分割曲线

（15）选择"格式"—"图层设置"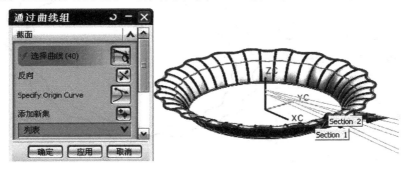，设置图层 2 为工作层，单击"通过曲线组"功能按钮

，选择直径为 1 700 mm 的 40 段圆弧，单击鼠标中键；选择直径高度为为 200 mm 的半径为
15 mm 的 40 段圆弧，单击鼠标中键；选择直径高度为 240 mm 的直径为 15 mm 的 40 段圆弧，
单击鼠标中键。注意箭头方向要一致，结果如图 5.146 所示。

图 5.146　通过曲线组建模

（16）创建有界平面，选择"有界平面"按钮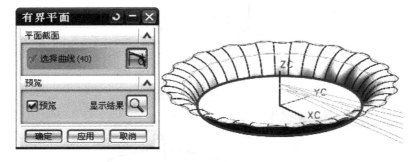，选择直径为 170 mm 的圆弧，单击"确定"，
结果如图 5.147 所示。

图 5.147　创建有界平面

（17）使用"缝合"功能按钮，将通过曲线组曲面和有界平面缝合为一个曲面。

（18）单击"边倒圆"功能按钮，选择曲面下底边缘线，输入"半径"20 mm，单击"确定"，
结果如图 5.148 所示。

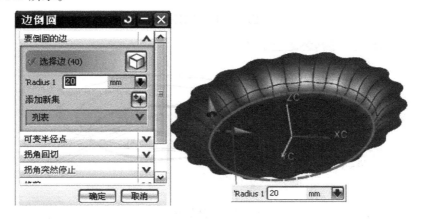

图 5.148　片体加厚

（19）选择"格式"—"图层设置" 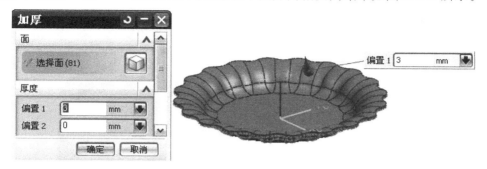，设置图层3为工作层，选择"加厚"功能按钮 ，选择曲面，输入"偏置1"为3 mm，方向向外（注意和下图方向相反），结果如图5.149所示。

图5.149 加厚

（20）选择"格式"—"图层设置" ，设置图层1为工作层，单击"基本曲线"按钮 ，选择"圆"，在跟踪条一栏中输入 XC：0，YC：0，ZC：0，"直径"输入92，回车，单击"取消"，完成圆形绘制，如图5.150所示。

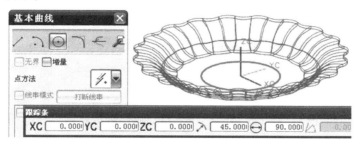

图5.150 画圆

（21）选择"格式"—"图层设置" ，设置图层3为工作层，选择"拉伸"特征按钮 ，选择曲线为前一步骤所绘制的圆弧，拉伸"结束"距离设为对称7 mm，"偏置"为对称，3 mm，"布尔"为求和，结果如图5.151所示。

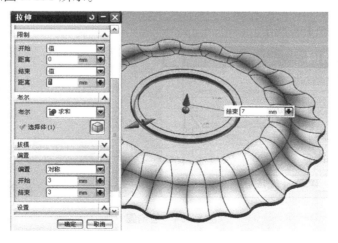

图5.151 拉伸

187

（22）单击"边倒圆"功能按钮 ，选择拉伸体下底边缘线，输入"半径"4 mm 单击"确定"，结果如图 5.152 所示。

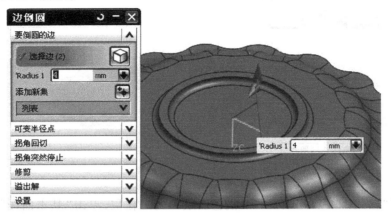

图 5.152　边倒圆

（23）单击"边倒圆"功能按钮 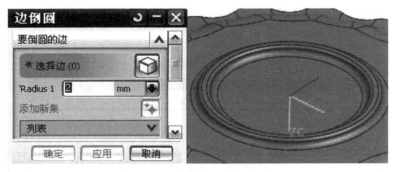，选择盘口两条边缘线，输入"半径"2 mm，单击"确定"，结果如图 5.153 所示。

图 5.153　边倒圆

（24）单击"边倒圆"功能按钮 ，选择所有盘口圆弧面之间的交线，输入"半径"10 m，单击"确定"，结果如图 5.154 所示。

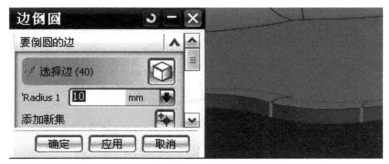

图 5.154　边倒圆

（25）单击"边倒圆"功能按钮 ，选择盘口两条边缘线，线类型为相切曲线，输入"半径"0.5 m，单击"确定"，结果如图 5.155 所示。

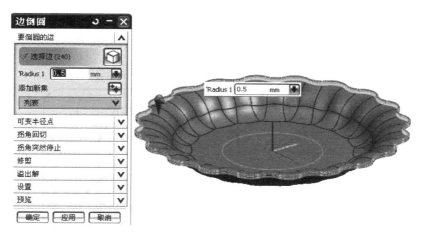

图 5.155　边倒圆

（26）隐藏所有曲线、曲面，取消激活"显示 WCS"功能按钮 ，单击"艺术外观"功能按钮 ，结果如图 5.156 所示。

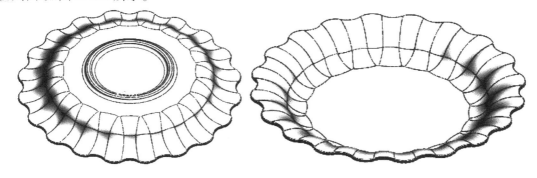

图 5.156　艺术外观

【任务九】　相机外壳建模

【任务描述】

通过本任务的练习，掌握 UG 曲线绘制、旋转建模、扫描曲面、有界平面、修剪的片体等功能的用法。图 5.157 所示为相机外壳图。

【活动一】　相机外壳建模

（1）单击"开始"—"程序"—"UGS NX 6.0"—"NX 6.0"进入 UGS 初始界面。单击"文件"—"新建"（快捷键 Ctrl + N）或者单击"新建"按钮 ，在"名称"对话框中输入："xiangji"，单位为毫米，选择模型模板，单击"确定"进入 UGS NX6.0 建模模块界面。单击"首选项"—"建模"："体类型"选择"实体"。

（2）单击"插入"—"草图"或者单击工具按钮 进入创建草绘界面，"平面"选项选为创建

189

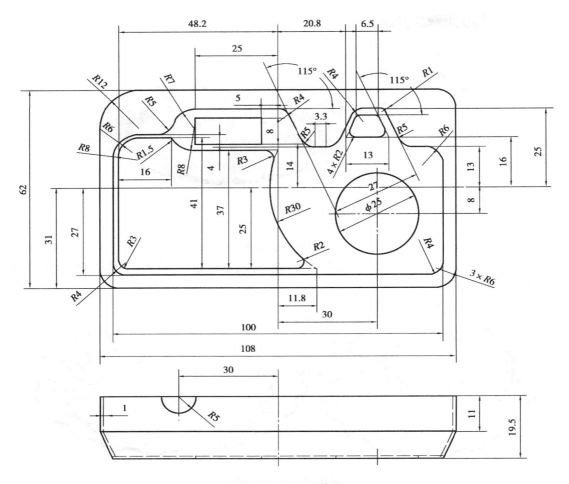

图 5.157　相机外壳图

平面,选择 XC-YC 平面,进入草图界面,绘制如图 5.158 所示草图。

(3)选择"拉伸"特征按钮▥,选择所画草图线框,"指定矢量"为 ZC 轴,限制"开始"距离为 0 mm,"结束"距离为 11 mm,"布尔"为无,"体类型"为"实体",单击"确定",如图 5.159 所示。

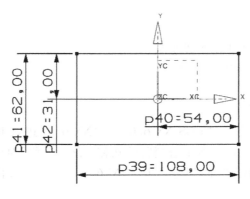

图 5.158　草图

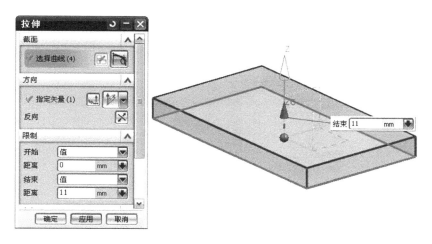

图 5.159　拉伸实体

（4）单击"边倒圆"功能按钮🔲，选择拉伸的实体，选择 3 个直角边边缘，输入"半径"6 mm，单击"确定"，结果如图 5.160 所示。

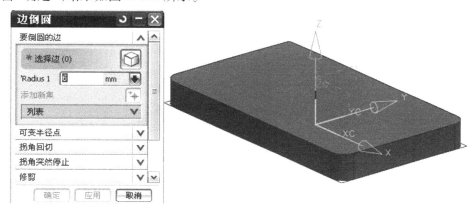

图 5.160　倒圆角

（5）单击"边倒圆"功能按钮🔲，选择拉伸的实体，选择剩余的 1 个直角边边缘，输入"半径"12 mm，单击"确定"，结果如图 5.161 所示。

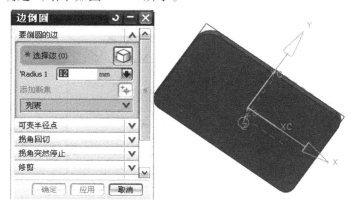

图 5.161　倒圆角 12

（6）单击"拔模"功能按钮 ，选择 Z 轴为"脱模方向"，下表面为固定面，四周为"要拔模的面"，角度为 5。单击"确定"，如图 5.162 所示。

图 5.162　拔模

（7）单击"插入"—"草图"或者单击工具按钮 进入创建草绘界面，"平面"选项选为"创建平面"，选择 XC-YC 平面，"距离"为 19.5 mm，如图 5.163 所示。单击"确定"进入草图界面，绘制如图 5.164 所示草图。

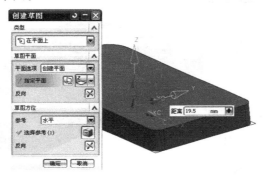

图 5.163　创建平面

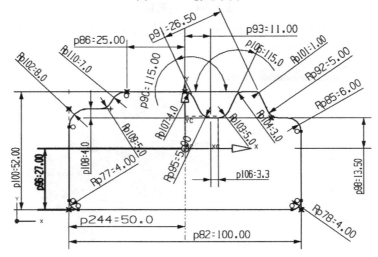

图 5.164　草图

192

（8）单击"直线"按钮✍，绘制上下两层图素的连接线段，如图 5.165 所示。

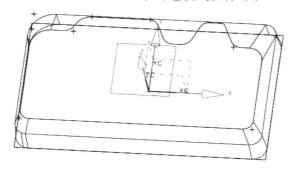

图 5.165　绘制线段

（9）单击"通过曲线网格"按钮📖，将"公差"—"交点"设置为 0.02，依次选择长方体上表面边沿线，箭头方向相同，单击鼠标中键，选择草图曲线，单击中键两次，然后依次选择 6 条直线段，每选择一条圆弧单击中键一次，注意第一条要选择两次，创建结果如图 5.166 所示的实体。

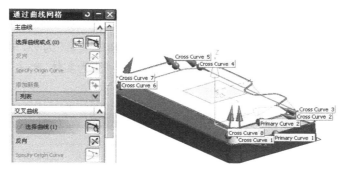

图 5.166　通过曲线网格创建实体

（10）单击"求和"按钮🔩，选择拉伸实体与通过曲线网格创建实体，使之成为一个整体。

（11）单击"抽壳"按钮🗔，选择下表面为移除面，设置厚度为 1 mm，单击"确定"，抽壳结果如图 5.167 所示。

图 5.167　抽壳

（12）单击"插入"—"草图"或者单击工具按钮▣进入创建草绘界面，"平面"选项选为"创建平面"，选择 XC-YC 平面，单击"确定"进入草图界面，绘制如图 5.168 所示草图。

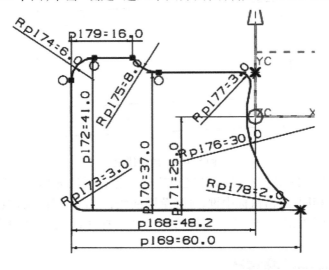

图 5.168　草图

（13）选择"拉伸"特征按钮▥，选择所画草图线框，"指定矢量"为 ZC 轴，限制"开始"距离为 18.8 mm，"结束"距离为 20 mm，"布尔"为求差，"体类型"为实体，单击"确定"，如图 5.169 所示。

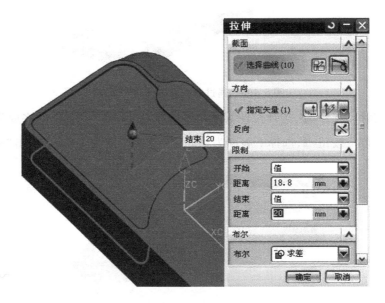

图 5.169　拉伸槽

（14）单击"边倒圆"功能按钮▣，选择拉伸的实体凹槽的内锐角，输入"半径"1.5 mm，单击"确定"，结果如图 5.170 所示。

（15）单击"插入—草图"或者单击工具按钮▣进入创建草绘界面，平面选项选为创建平面，选择 XC-ZC 平面，单击"确定"进入草图界面，绘制如图 5.171 所示草图。

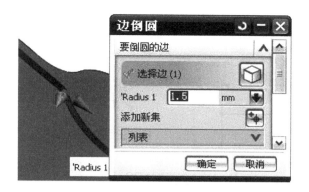

图 5.170　倒圆角

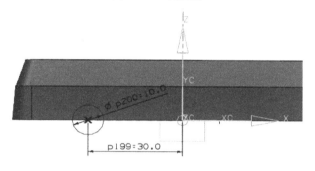

图 5.171　草图

（16）选择"拉伸"特征按钮 ▥，选择所画草图线框，"指定矢量"为 YC 轴，限制"开始"距离为 0 mm，"结束"距离为 50 mm，"布尔"为求差，"体类型"为实体，单击"确定"，如图 5.172 所示。

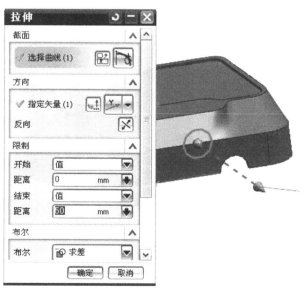

图 5.172　拉伸孔

（17）单击"插入—草图"或者单击工具按钮 ▧ 进入创建草绘界面，"平面"选项选为创建平面,选择 XC-YC 平面,单击"确定"进入草图界面,绘制如 5.173 所示草图。

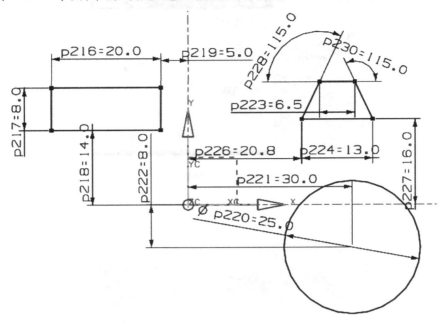

图 5.173　草绘

(18)选择"拉伸"特征按钮，选择所画草图线框,"指定矢量"为 YC 轴,限制"开始"距离为 0 mm,"结束"距离为 20 mm,"布尔"为求差,"体类型"为实体,单击"确定",如图 5.174 所示。

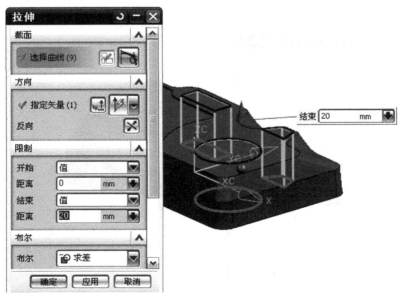

图 5.174　拉伸

(19)单击"边倒圆"功能按钮，选择拉伸的实体凹槽的内锐角,输入"半径"1.5 mm,单击"确定",结果如图 5.175 所示。

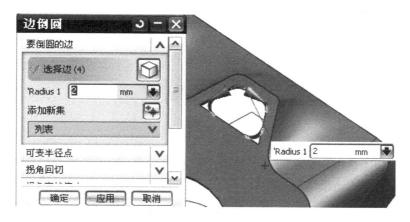

图 5.175　边倒圆

（20）隐藏其他图素,完成相机外壳建模,结果如图 5.176 所示。

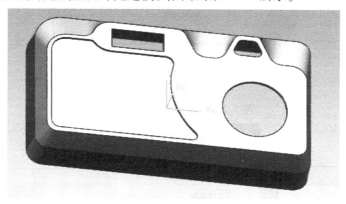

图 5.176　相机外壳

学习方法

（1）重点掌握曲面和编辑曲面功能的各个工具的具体用法,仔细观察教师的讲解、演示,做好课堂笔记;然后在上机操作过程中,以教材和多媒体视频为参照,完成每一个项目任务的练习,应把每个任务练习 2 遍以上,以达到巩固的目的。

（2）学习过程中,要认真体会各个实例,把"曲面"和"编辑曲面"中的各个建模功能指令琢磨透彻,除了书上和教师所讲的方法外,运用自己的思路进行建模,达到异曲同工、殊途同归的结果,培养自己的创造力和应用知识的能力。

（3）注重直纹面、通过曲线组、通过曲线网格、扫掠、剖切曲面、修剪的片体及特征建模等功能在曲面建模中的运用,同时能够运用曲面建模工具进行实体建模。

（4）同学之间注重相互交流、探讨,不断发现同一建模功能的不同使用方法和使用技巧。

（5）注重导航器的使用,提高建模效率。

（6）多做习题,将生活中的产品零件（如塑料凳子、灯罩等）进行测绘,运用所学 UG 功能进行三维曲面及实体的建模,看是否能创建出比实际产品更漂亮的新型外观来,以检验自己所学的建模知识的真实掌握情况。

知识扩展

1."桥接曲面"

"桥接曲面"功能是用一个曲面去连接两个不相连的曲面(或者四个,或者两个曲面加两条曲线),并达到规定的连接精度,如图 5.177—图 5.179 所示。

图 5.177　桥接曲面-两个主面

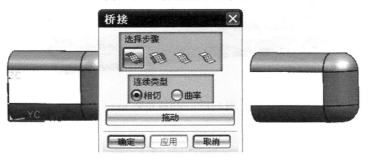

图 5.178　桥接曲面-两个主面和一个侧面

图 5.179　桥接曲面-两个主面和两条侧面线串

2."延伸"

"延伸"曲面功能是将曲面按照一定的规律进行延伸。曲面延伸有相切的、垂直于曲面的、有角度的、圆形的几种,其下一级菜单中又有固定长度和百分比等选项,如图 5.180—5.183 所示。

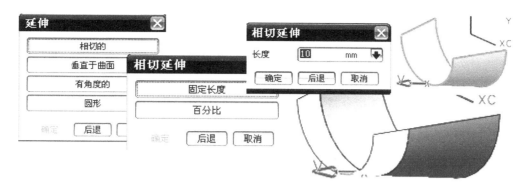

图 5.180　延伸-相切的

图 5.181　延伸-垂直于曲面的

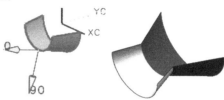

图 5.182　延伸-有角度的

图 5.183　延伸-圆形的

3."偏置曲面"

"偏置曲面"功能用于实体或者片体建立相等距离的偏置面。可以调整偏置面的方向和距离,如图 5.184 所示。

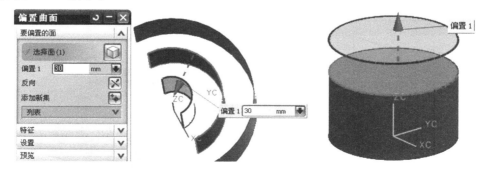

图 5.184　偏置曲面

习　题

　　根据前面所学的建模功能指令将下列零件图(图 5.185—图 5.191)用 UG 绘制成三维实体模型。

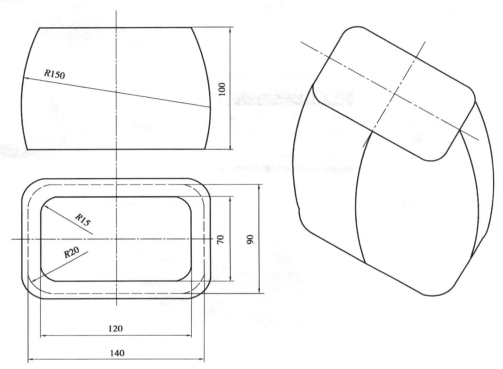

图 5.185　习题 1

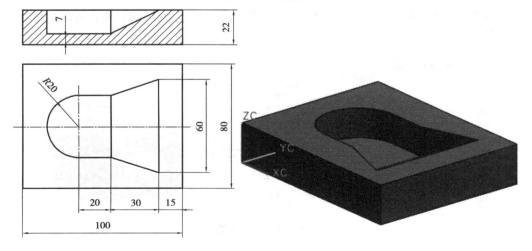

图 5.186　习题 2

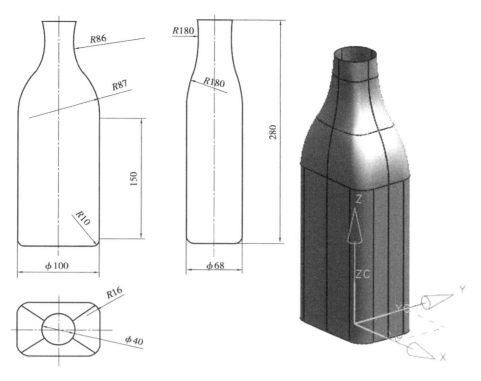

图 5.187　习题 3

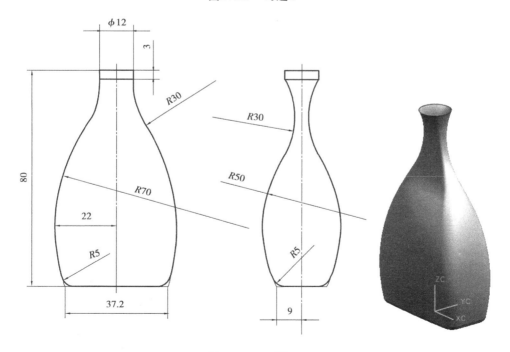

图 5.188　习题 4

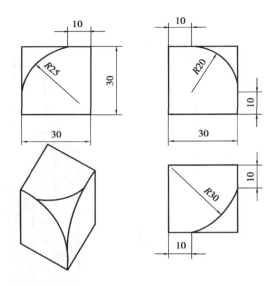

图 5.189　习题 5

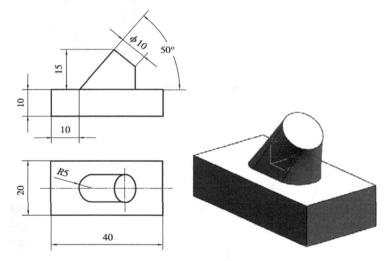

图 5.190　习题 6

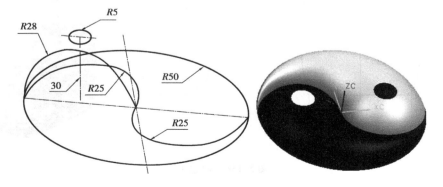

图 5.191　习题 7

项目成绩鉴定办法及评分标准

序号	项目内容	评分标准	评分等级分类	配分
1	课堂表现	学习资料(教材、笔记本、笔)准备情况	A　B　C　D 四级	20
		课堂笔记记录情况	A　B　C　D 四级	
		课堂活动参与情况	A　B　C　D 四级	
		课堂提问回答情况	A　B　C　D 四级	
		纪律(有无玩游戏等违纪情况)	好　合格　差	
2	课堂作业	任务一的练习完成情况	A　B　C　D 四级	5
		任务二的练习完成情况	A　B　C　D 四级	5
		任务三的练习完成情况	A　B　C　D 四级	5
		任务四的练习完成情况	A　B　C　D 四级	5
		任务五的练习完成情况	A　B　C　D 四级	5
		任务六的练习完成情况	A　B　C　D 四级	5
		任务七的练习完成情况	A　B　C　D 四级	5
		任务八的练习完成情况	A　B　C　D 四级	5
		任务九的练习完成情况	A　B　C　D 四级	5
3	习题(至少完成5题)	习题1完成情况	A　B　C　D 四级	5
		习题2完成情况	A　B　C　D 四级	5
		习题3完成情况	A　B　C　D 四级	5
		习题4完成情况	A　B　C　D 四级	5
		习题5完成情况	A　B　C　D 四级	5
		习题6完成情况	A　B　C　D 四级	5
		习题7完成情况	A　B　C　D 四级	5

本项目学习信息反馈表

序号	项目内容	评价结果
1	课题内容	偏多_____ 合适_____ 不够_____
2	时间分布	讲课时间(多_____合适_____不够_____ 作业练习时间(多_____合适_____不够_____)
3	难易程度	高_____ 中_____ 低_____
4	教学方法	继续使用此法_____ 增加教学手段_____ 形象性(好_____合适_____欠佳_____)
5	讲课速度	快_____ 合适_____ 太慢_____
6	课件质量	清晰_____模糊_____混乱_____字迹偏_____大_____小
7	课题实例数量	多_____合适_____不够_____
8	其他建议	

项目六
建模综合应用

【项目简述】

通过具体的项目课题练习,运用 UG 的草绘、曲线、实体、曲面及同步建模等功能绘制工厂工程实际产品 3D 模型,特别是看二维图纸做三维建模的方法,以及原创式的设计能力。

【能力目标】

通过教师辅导及上机项目课题训练,训练学生综合运用 UG 建模功能绘制工厂工程实际产品 3D 模型的能力,特别是看二维图纸做三维建模的方法,以及原创式的实际设计能力,提高学生的综合素质。

【任务一】 流量管建模

【任务描述】

通过本任务的练习,提高工厂二维零件图的识图和工艺分析能力,掌握综合件的建模方法,提高 UG 综合建模功能的运用能力,图 6.1 所示为流量管零件图。

【活动一】 流量管建模

(1)单击"文件"—"新建"(快捷键 Ctrl + N)或者单击"新建"按钮 🗋,在"名称"对话框中输入"liuliangguan",单位为毫米,选择模型模板,单击"确定"进入 UGS NX6.0 建模模块界面。

(2)单击特征工具条中的"圆柱"按钮 🛢,进入圆柱建模界面,"指定矢量"为 YC 轴,单击"指定点",弹出点对话框,输入坐标 X0,Y0,Z0,再输入"直径"60 mm,输入"高度"200 mm,单击"确定",如图 6.2 所示。

(3)单击特征工具条中的"孔"按钮 🖾,进入"孔"建模界面,类型选择"U 常规孔","指定点"选择端面圆心,输入"直径"50 mm,"深度"为贯通体,单击"确定",如图 6.3 所示。

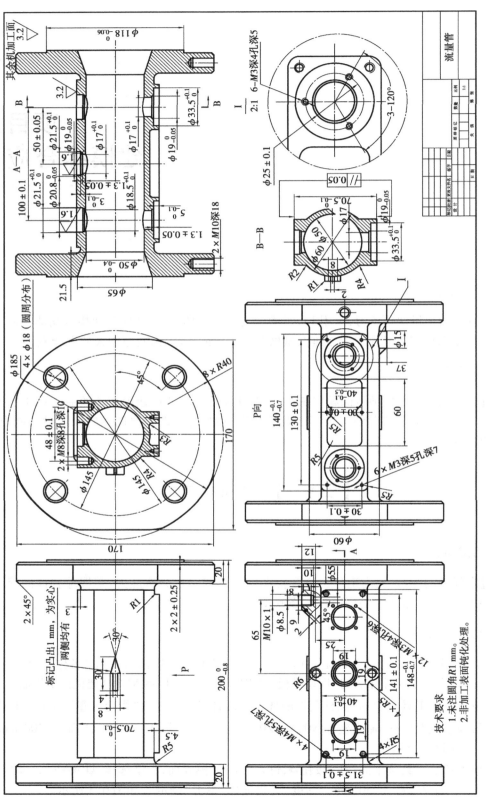

图6.1 流量管零件图

206

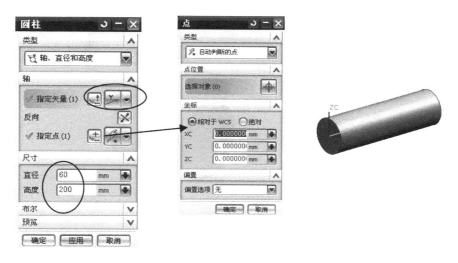

图 6.2 圆柱体建模

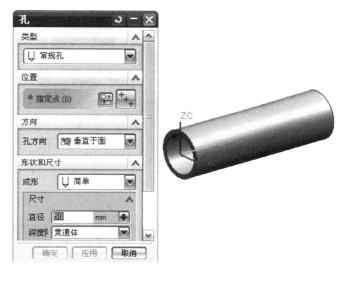

图 6.3 孔建模

（4）单击特征工具条中的"圆柱"按钮，进入圆柱建模界面，"指定矢量"为 YC 轴，单击"指定点"，弹出点对话框，输入坐标 X0，Y2，Z0，再输入直径：185 mm，输入高度 18 mm，单击"确定"。再次使用"圆柱"建模功能，"指定矢量"为 YC 轴，单击"指定点"，弹出点对话框，输入坐标 X0，Y180，Z0，再输入"直径"185 mm，输入"高度"18 mm。选择"求和"特征操作功能按钮，选择 3 个圆柱体相加，如图 6.4 所示。

（5）选择"拉伸"特征按钮，选择内孔边缘线框，"指定矢量"为 YC 轴，限制"开始"距离为 0 mm，"结束"距离为 200 mm，"布尔"为求差，单击"确定"，结果如图 6.5 所示。

（6）单击"插入"—"草图"或者单击工具按钮进入创建草绘界面，"平面"选项选为创建平面，选择 XC-YC 平面，进入草图界面，绘制如图 6.6 所示草图。

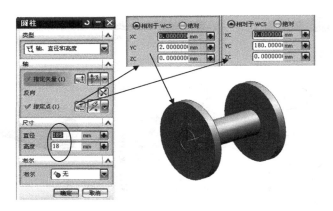

图 6.4　圆柱建模

图 6.5　拉伸

（7）单击"完成草图"按钮 🔧无偏置，返回实体建模空间。选择"拉伸"特征按钮 🔲，选择所画草图外圈线框，"指定矢量"为 ZC 轴，限制"开始"距离为 0 mm，"结束"距离为 32.5 mm，"布尔"为求和，单击"确定"。再选择"拉伸"特征按钮 🔲，选择内孔边缘线框，"指定矢量"为 YC 轴，限制"开始"距离为 0 mm，"结束"距离为 200 mm，"布尔"为求差，单击"确定"，如图 6.7 所示。

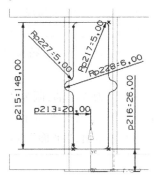

图 6.6　草图

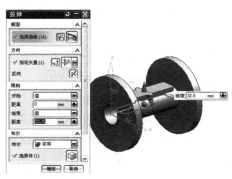

图 6.7　拉伸

（8）孔建模：选择"孔"工具按钮 ，"成形类型"选"简单"，"孔直径"为 6.8 mm，"沉头孔深度"为 10 mm，指定点激活后，选择两个凸台圆心定位，结果如图 6.8 所示。

（9）运用"螺纹功能工具" ，进行内孔螺纹建模，设置"大径"为 8 mm，"长度"为 8 mm，"螺距"为 1.25，"角度"为 60°，结果如图 6.9 所示。

（10）孔建模：选择"孔"工具按钮 选择"NX5 版本之前的孔"，类型选"简单"，孔"直径"为 3.3 mm，沉头孔"深度"为 7 mm，选择拉伸凸台面为放置面，单击"确定"，弹出"定位"对话框，选择"垂直"，选择水平边缘为基准，在"当前表达式"中输入 4.25 mm，单击"应用"，继续选择"垂直"，选择垂直边缘为基准，在"当前表达式"中输入 3.5 mm，单击"确定"，结果如图 6.10 所示。

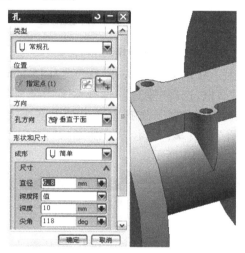

图 6.8　螺纹底孔

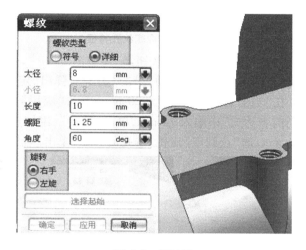

图 6.9　螺纹孔

（11）运用"螺纹功能"工具 ，进行内孔螺纹建模，设置"大径"为 4 mm，"长度"为 5 mm，"螺距"为 0.7，"角度"为 60°，结果如图 6.11 所示。

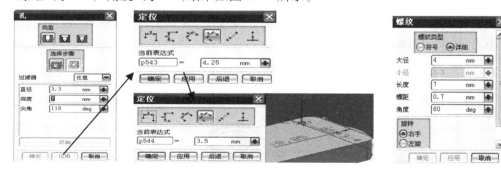

图 6.10　孔建模　　　　　　　　　　　　　　　　图 6.11　螺纹建模

（12）选择"镜像特征"工具按钮 ，选择上一步建立的螺纹孔特征，"平面"选择"新平面"，单击"指定平面"的"完整平面工具"，选择圆柱体两个大端面，单击"确定"，单击"应用"，结果如图 6.12 所示。

（13）继续用"镜像特征"，选择上一步建立的螺纹孔和镜像特征，"平面"选择"新平面"，单击"指定平面"的"完整平面工具"，选择凸台前后面，单击"确定"，单击"应用"，结果如图6.13所示。

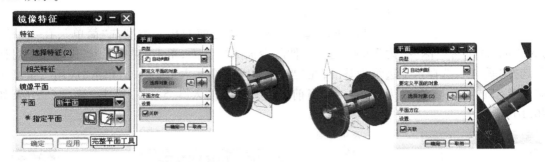

图6.12　镜像螺纹孔特征1　　　　　　　　图6.13　镜像螺纹孔特征2

（14）选择"孔"工具按钮，类型选"简单"，孔"直径"为17 mm，沉头孔"深度"为15 mm，选择拉伸凸台面为放置面，单击"确定"，弹出"定位"对话框，选择"垂直"，选择水平边缘为基准，在"当前表达式"中输入20 mm，单击"应用"，继续选择"垂直"，选择垂直边缘为基准，在"当前表达式"中输入74 mm，单击"确定"，继续选择"孔"工具，"直径"为19 mm，"深度"为4.3 mm，选"点到点"定位，选孔的圆心，单击"确定"，如图6.14所示。

图6.14　孔建模

（15）继续选择"孔"工具，"直径"为21.5 mm，"深度"为3 mm，选"点到点"定位，选上一步的圆孔中心，结果如图6.15所示。

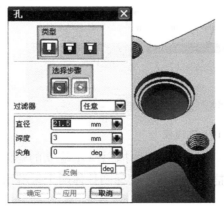

图6.15　台阶孔建模

（16）单击"插入"—"草图"或者单击工具按钮 ⬚ 进入创建草绘界面，选择拉伸凸台平面，进入草图界面，绘制如图 6.16 所示草图，画两个点。

（17）单击"完成草图"按钮 ⬚，返回实体建模空间。选择"孔"工具按钮 ⬚，"成形类型"选"常规孔"，"成形"选择"沉头孔"，"沉头孔"20.8 mm，"沉头孔深"6.3 mm，"直径"18.5 mm，"深度"20 mm，单击"确定"，结果如图 6.17 所示。

（18）继续选择"孔"工具 ⬚，"直径"为 21.5 mm，"深度"为 5 mm，选"点到点"定位，选上一步的圆孔中心，结果如图 6.18 所示。

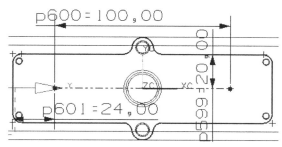

图 6.16　草图

图 6.17　沉头孔

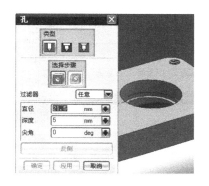

图 6.18　台阶孔

（19）选择"镜像特征"工具按钮 ⬚，出现如图 6.19 所示的镜像特征对话框，选择上一步建立的沉头孔特征，"平面"选择"新平面"，单击"指定平面"的"完整平面工具"，选择圆柱体两个大端面，单击"确定"，单击"应用"，结果如图 6.20 所示。

图 6.19　镜像特征对话框

图 6.20　镜像孔特征

（20）运用"孔"工具█，以左端面64.5 mm、对称面9.5 mm定位，建立"直径"2.5 mm、"深度"6 mm的孔；再运用"螺纹"工具█，建立 M3、深度4 mm的螺纹，如图6.21所示。

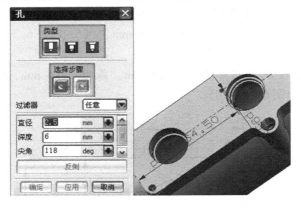

图6.21　螺纹孔

（21）然后利用"实例特征"工具按钮█，创建4个M3、深4 mm、孔深6 mm的螺纹孔，如图6.22所示。

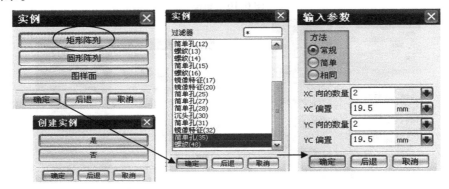

图6.22　实例特征

（22）运用"孔"█、"螺纹"█、"实例特征"█、"镜像特征"█等工具，建立其余8个相同的 M3、深4 mm、孔深6 mm的螺纹孔，如图6.23所示。

图6.23　建螺纹孔

（23）"插入"—"草图"或者单击工具按钮█进入创建草绘界面，选择 X-Y 平面，进入草图界面，绘制如图6.24所示草图。

（24）单击"完成草图"█，返回实体建模空间。选择"拉伸"特征按钮█，选择所画草图外圈线框,"指定矢量"为 – ZC 轴,限制"开始"距离为 38 mm,"结束"距离为"直至选定对象",选择外圆柱面,"布尔"为求和,单击"确定",如图 6.25 所示。

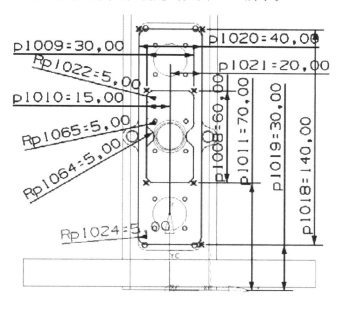

图 6.24　草绘

(25)再选择"拉伸"特征按钮 ,选择内孔边缘线框,"指定矢量"为 – ZC 轴,限制"开始"距离为"直到被延伸","结束"距离为 38 mm,"布尔"为求差,单击"确定",如图 6.26 所示。

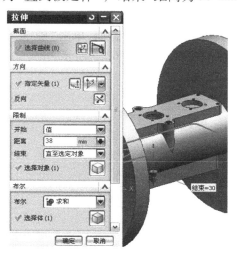

图 6.25　拉伸

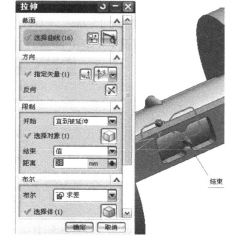

图 6.26　拉伸

(26)运用"孔" 、"螺纹" 、"实例特征" 、"镜像特征" 等工具,建立两边沉头孔及 6 个 M3、深 5 mm、孔深 6 mm 和 6 个 M3、深 4 mm、孔深 5 mm 的螺纹孔,如图 6.27 所示。

(27)单击"圆柱"特征工具条按钮 ,进入圆柱建模界面,"指定矢量"为 – XC 轴,单击"指定点",弹出点对话框,输入坐标 X – 25,Y165,Z0,再输入"直径"15 mm,输入"高度"12 mm,单击"确定","布尔"为求和(也可在布尔下拉菜单中选择求和),如图 6.28 所示。

图 6.27　孔系列建模

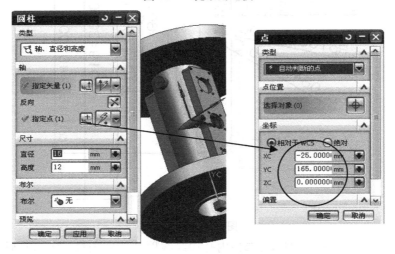

图 6.28　凸台圆柱建模

（28）选择"孔"工具按钮🔨，选择"NX5 版本之前的孔"，"类型"选"简单"，孔"直径"为
5.5 mm，沉头孔"深度"为 15 mm，选择上一步建立的圆柱凸台面为放置面，单击"确定"，弹出
"定位"对话框，选"点到点"定位，选圆柱面的圆心，单击"确定"，如图 6.29 所示。

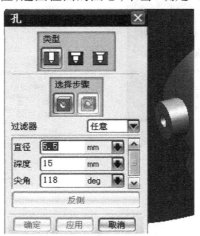

图 6.29　孔建模

（29）选择"孔"工具按钮🔨，成形"类型"选"常规孔"，"成形"选择"沉头孔"，沉头孔直径
9 mm，沉头孔深 5 mm，直径 8.5 mm，深度 10 mm，单击"确定"，选"点到点"定位，选上一步的
圆孔中心，结果如图 6.30 所示。

（30）运用"螺纹"功能工具▤,进行内孔螺纹建模,设置"大径"为 10 mm,"长度"为 8 mm,"螺距"为 1,"角度"为 60°,结果如图 6.31 所示。

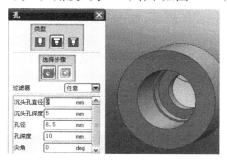
图 6.30　沉孔建模

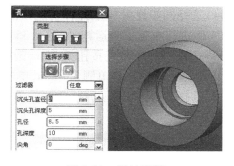
图 6.31　螺纹建模

（31）运用"三角形加强筋"功能按钮⬭,"角度"3°,"深度"4.24,"半径"1 mm,选择两组曲面,结果如图 6.32 所示。

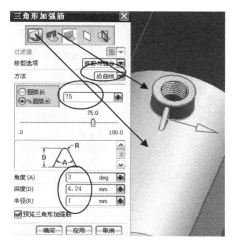
图 6.32　加强筋建模

（32）运用"基本曲线"功能按钮✎,取消"线串模式","点方法"选择象限点,选择圆柱凸台边缘,"平行于"选择 YC,"点方法"选择自动判断,选择大圆边缘线,结果如图 6.33 所示。

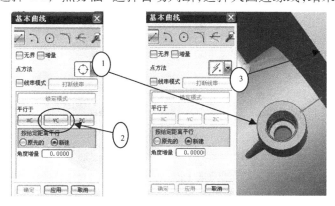
图 6.33　绘制直线

（33）选择"拉伸"特征按钮 ，选择 X 轴为拉伸方向，限制"开始"距离为 1 mm，"结束"为"直至选定对象"，"布尔"为求和，"偏置"为对称、4 mm，单击"确定"，如图 6.34 所示。

（34）选择同步建模"移动面"功能按钮 ，选择拉伸体侧面，输入"距离"2.2 mm，然后将该拉伸实体进行布尔求和运算，如图 6.35 所示。

（35）选择"拉伸"特征按钮 ，右端圆柱，限制"开始"距离为 0 mm，"结束"距离为 2 mm，"布尔"为求和，"偏置"为单侧、29 mm，单击"确定"，如图 6.36 所示。

（36）选择 50 mm 内孔边缘，选择拉伸，限制"开始"距离为 0 mm，"结束"为贯穿，"布尔"为求差，单击"确定"，图略。

图 6.34　拉伸

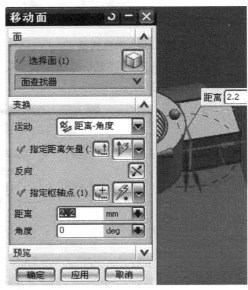

图 6.35　移动面

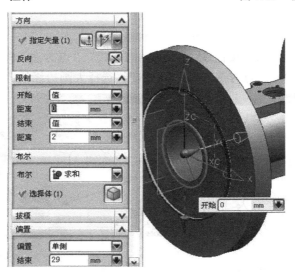

图 6.36　拉伸

（37）单击"插入"—"草图"或者单击工具按钮🔲进入创建草绘界面,选择 Y-Z 平面,进入草图界面,绘制如图 6.37 所示草图。

（38）回到建模界面,选择"拉伸"特征按钮🔲,选择上一步所画草图,"指定矢量"为 XC 轴,限制"开始"距离为 31 mm,"结束"为"直到被延伸","布尔"为求和,单击"确定",如图 6.38 所示。

（39）选择"拉伸"特征按钮🔲,选择直径为 50 mm 的内孔边缘,"指定矢量"为 – YC 轴,限制"开始"距离为 – 21.5 mm,"结束"距离为 0 mm,"布尔"为求差,拔模为"从起始限制","角度"为 arctan(7.5/21.5),单击"确定",如图 6.39 所示。

（40）在右端做相反方向的同参数拉伸,图略。

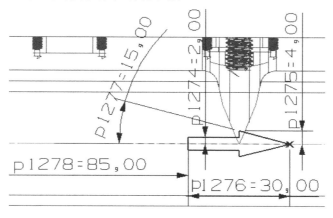

图 6.37　草绘

图 6.38　拉伸

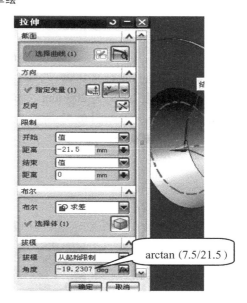

图 6.39　拉伸

（41）选择"边倒圆"功能按钮🔳,倒圆半径设为 5 mm,单击"确定"。同理,按图纸要求倒其他圆角,结果如图 6.40 所示。

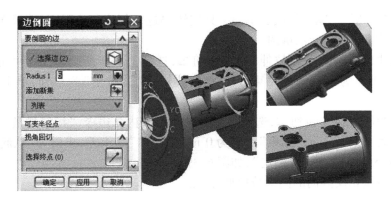

图 6.40 倒圆角

（42）运用"基本曲线"功能按钮 ，取消"线串模式"，"点方法"选择点构造器，设置坐标分别为 XC100，YC0，ZC85；XC-100，YC0，ZC85，单击"确定"，结果如图 6.41 所示。

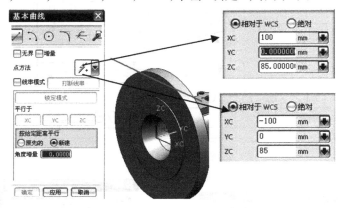

图 6.41 绘制直线

（43）选择"拉伸"特征按钮 ，选择上一步绘制的直线，"指定矢量"为 YC 轴，限制"开始"距离为 0 mm，"结束"距离为 200 mm，"布尔"为求差，"偏置"为两侧，"开始"为 0 mm，"结束"为 30 mm，单击"确定"，如图 6.42 所示。

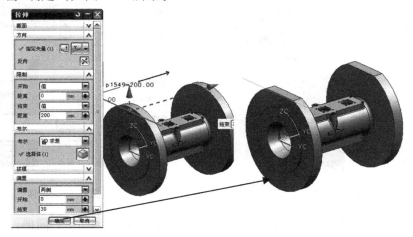

图 6.42 拉伸布尔求差

（44）利用"实例特征"工具按钮🔖，创建4个方向的布尔求差特征，如图6.43、图6.44所示。

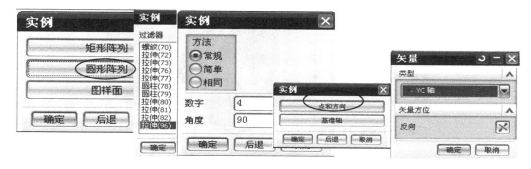

图6.43　实例特征1

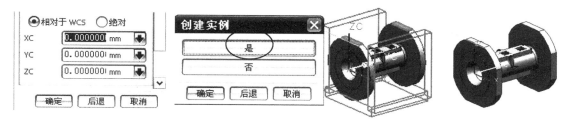

图6.44　实例特征2

（45）选择"移动至图层"功能按钮🔗，在"类型过滤器"中选择图6.45所示项目，单击"确定"，在目标图层中输入2，单击"确定"，再回到"类选择"对话框中，单击"全选"，单击"确定"，如图6.45所示。

图6.45　图层移动

（46）选择"倒斜角"工具按钮🔗，选择两端的棱边，在倒斜角对话框中"横截面"选择对称，"距离"中输入2，结果如图6.46所示。

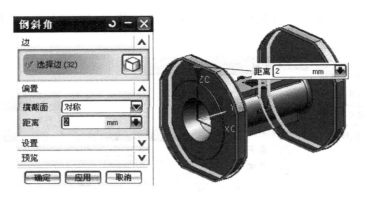

图 6.46　倒斜角

（47）单击"视图"—"可视化"—"真实着色编辑器"，结果如图 6.47 所示。

（48）选择"文件"—"全部保存"。

图 6.47　真实着色编辑器

【活动二】　本活动所涉及的主要建模指令

1. UG 的同步建模功能

"同步建模"是 NX6 所特有的功能，它可以对实体上的面进行移动、替换、抽取等编辑工作来改变实体形状，达到我们所需要的建模目的。图 6.48 所示为同步建模指令工具条。

图 6.48　同步建模指令工具条

2. "移动面"

"移动面"可以对实体上的面进行移动或者旋转等操作，如图 6.49 所示。

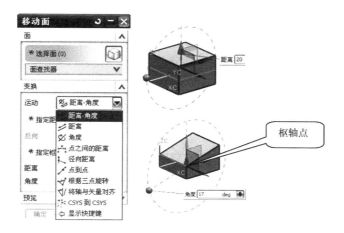

图 6.49　移动面

3."替换面"

该功能可以将实体中的目标面替换成工具面,也可将一个实体中的面替换成另一个实体的面,如图 6.50 所示。

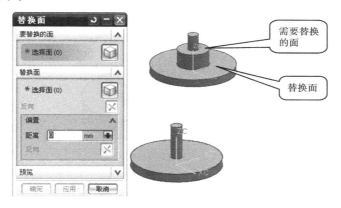

图 6.50　替换面

4."抽取面"

该功能可以将实体中的面抽取出来,然后进行移动等操作,使实体随着面的运动而变化,如图 6.51 所示。

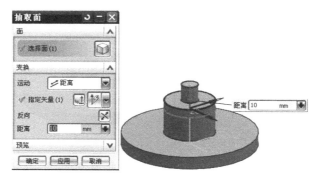

图 6.51　抽取面

5. "删除面"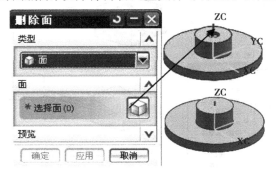

该功能是将实体上的面删除, 软件将自动调整实体零件的形状, 如图 6.52 所示。

图 6.52　删除面

6. "偏置区域"

该功能可将实体中的面按照设定的距离进行移动(偏置), 可以一次选择两个不相连接的面, 如图 6.53 所示。

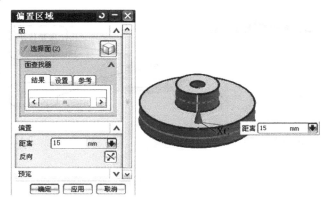

图 6.53　偏置区域

7. "调整面的大小"

该功能可以将圆柱面或者球体面的直径进行大小调整, 如图 6.54 所示。

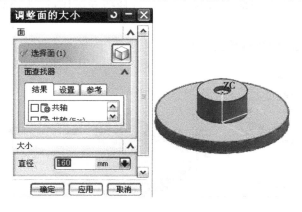

图 6.54　调整面的大小

8."调整圆角大小"

该功能可以将圆角面的半径进行大小调整,如图6.55所示。

图6.55　调整圆角大小

9."复制面"

该功能将实体中的面进行复制,并将复制的实体面按规定方向进行移动和旋转,如图6.56所示。复制面也有多种功能,如图6.57所示。

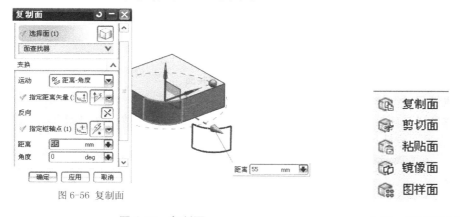

图6.56　复制面　　　　　　　　　　　　　6.57　复制面功能

10."组合面"

组合面功能可以将实体中的各个面组合成一个整面,如图6.58所示。

图6.58　组合面

11."局部缩放"

该功能主要是将某个面按照指定的边界进行缩放,如图6.59所示。

12."设为共面"

该功能是将一个面和另外一个面调整为共面,如图6.60所示。

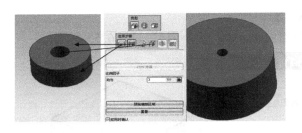

图 6.59　局部缩放

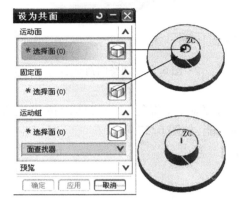

图 6.60　设为共面

13. "线性尺寸"

该功能是通过调整测量对象与原点对象之间的距离尺寸来改变实体选定面的空间位置，如图 6.61 所示。线性尺寸也有多种功能，如图 6.62 所示。

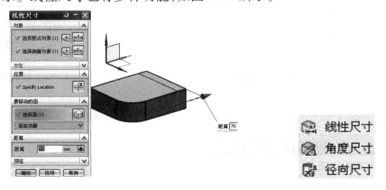

图 6.61　线性尺寸　　　　　图 6.62　线性尺寸功能

【任务二】　压盘建模

【任务描述】

通过本任务的练习，提高工厂二维零件图的识图和工艺分析能力，掌握综合件的建模方法，提高 UG 综合建模功能的运用能力。图 6.63 所示为压盘零件图。

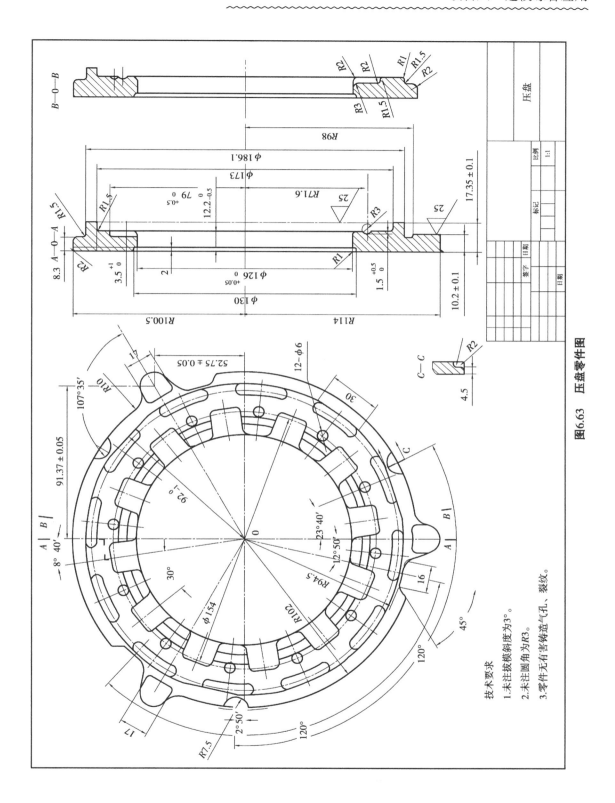

图6.63 压盘零件图

225

【活动】 压盘零件建模

(1)单击"开始"—"程序"—"UGS NX 6.0"—"NX 6.0"进入 UGS 初始界面。单击"文件"—"新建"(快捷键 Ctrl + N)或者单击"新建"按钮，在"名称"对话框中输入"yapan"，单位为毫米，选择模型模板，单击"确定"进入 UGS NX6.0 建模模块界面。

(2)单击"插入"—"草图"或者单击工具按钮进入创建草绘界面，"平面"选项选为创建平面，选择 XC-ZC 平面，进入草图界面，绘制如图 6.64 所示草图。

(3)单击"完成草图"按钮，返回实体建模空间。选择"回转"按钮，选择所画草图线框，"指定矢量"为 XC 轴，"指定点"为默认(或为0,0,0)，"开始"角度为0，"结束"角度为360，"布尔"为无，单击"确定"，如图 6.65 所示。

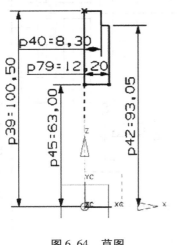

图 6.64　草图

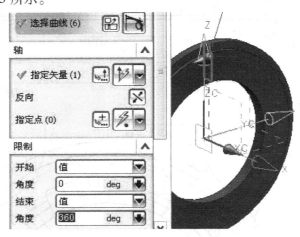

图 6.65　回转体建模

(4)单击"插入"—"草图"或者单击工具按钮进入创建草绘界面，"平面"选项选为创建平面，选择 YC-ZC 平面，进入草图界面，绘制如图 6.66 所示草图。

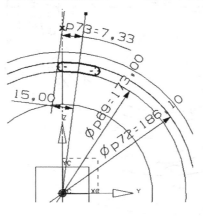

图 6.66　草图

(5)单击"完成草图"按钮，返回实体建模空间。选择"拉伸"特征按钮，选择所画草图外圈线框，"指定矢量"为 XC 轴，限制"开始"距离为 0 mm，"结束"距离为 17.35 mm，"布尔"为求和，单击"确定"，如图 6.67 所示。

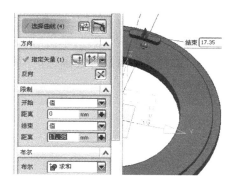

图 6.67　拉伸

（6）利用"实例特征"工具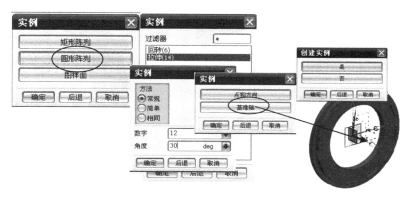，选择 XC 轴做基准轴，创建 12 个均布的拉伸特征，如图 6.68 所示。

图 6.68　实例特征建模

（7）单击"插入"—"草图"或者单击工具按钮进入创建草绘界面，"平面"选项选为创建平面，选择 YC-ZC 平面，进入草图界面，绘制如图 6.69 所示草图。

（8）单击"完成草图"按钮，返回实体建模空间。选择"拉伸"特征按钮，选择所画草图圈线框，"指定矢量"为 XC 轴，限制"开始"距离为 0 mm，"结束"距离为 10.20 mm，"布尔"为求和，单击"确定"，如图 6.70 所示。

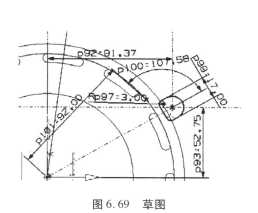

图 6.69　草图

图 6.70　拉伸建模

（9）继续选择"拉伸"特征按钮▥，选择所画草图直线，"指定矢量"为 XC 轴，限制"开始"距离为 8.3 mm，"结束"距离为 20 mm，"布尔"为求差，单击"确定"，如图 6.71 所示。

（10）利用"实例特征"工具▧，选择 XC 轴做基准轴，选择第 8 步创建的拉伸特征阵列 3 个均布的拉伸特征，如图 6.72 所示。

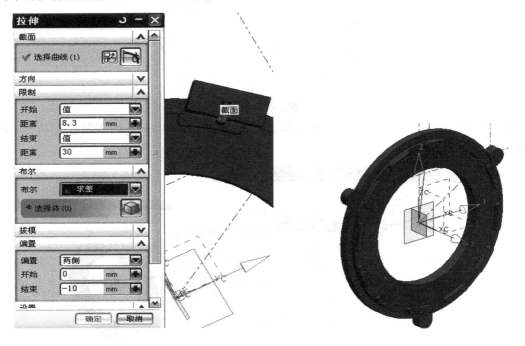

图 6.71　拉伸　　　　　　　　　　　　图 6.72　阵列拉伸特征

（11）继续利用"实例特征"工具▧，选择 XC 轴做基准轴，选择第 9 步创建的拉伸特征阵列 3 个均布的拉伸特征，如图 6.73 所示。

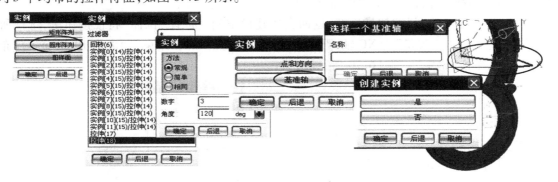

图 6.73　阵列拉伸特征

（12）单击"插入"—"草图"或者单击工具按钮▦进入创建草绘界面，"平面"选项选为创建平面，选择 YC-ZC 平面，进入草图界面，绘制如图 6.74 所示草图。

（13）选择"拉伸"特征按钮▥，选择所画草图直线，"指定矢量"为 XC 轴，限制"开始"距离为 0 mm，"结束"距离为 30 mm，"布尔"为求差，单击"确定"，如图 6.75 所示。

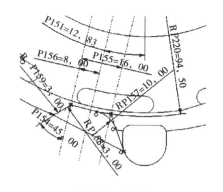

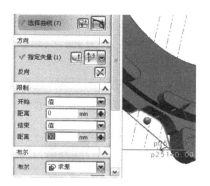

图 6.74　草图　　　　　　　　　　　　图 6.75　拉伸

（14）单击"插入"—"草图"或者单击工具按钮进入创建草绘界面，"平面"选项选为创建平面，选择 YC-ZC 平面，进入草图界面，利用"投影曲线"功能按钮绘制如图 6.76 所示草图。

（15）选择"拉伸"特征按钮，选择所画草图直线，"指定矢量"为 XC 轴，限制"开始"距离为 0 mm，"结束"距离为 8.3 mm，"布尔"为求和，单击"确定"，如图 6.77 所示。

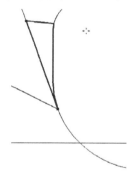

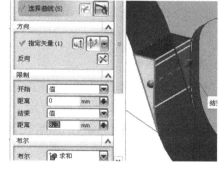

图 6.76　草图　　　　　　　　　　　　图 6.77　拉伸

（16）利用"实例特征"工具，选择 XC 轴做基准轴，选择第上两步创建的拉伸特征阵列 3 个均布的拉伸特征，如图 6.78 所示。

（17）单击"插入"—"草图"或者单击工具按钮进入创建草绘界面，平面选项选为创建平面，选择 YC-ZC 平面，进入草图界面，绘制如图 6.79 所示草图。

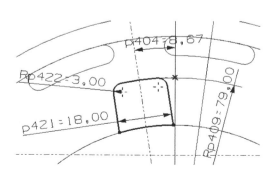

图 6.78　阵列特征　　　　　　　　　　图 6.79　草图

（18）选择"拉伸"特征按钮▥，选择所画草图直线，"指定矢量"为 XC 轴，限制"开始"距离为 8.7 mm，"结束"距离为 20 mm，"布尔"为求差，拔模斜度为 −3°，单击"确定"，如图 6.80 所示。

（19）利用"实例特征"工具▧，选择 XC 轴作基准轴，选择第上一步创建的拉伸特征阵列 12 个均布的拉伸特征，如图 6.81 所示。

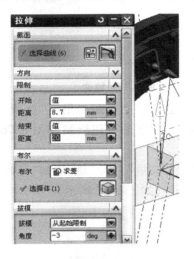

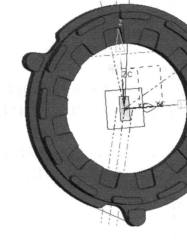

图 6.80　拉伸　　　　　　　　　　　　　图 6.81　阵列特征

（20）选择"拔模"特征操作工具▧，选择内孔面，"拔模角度"为 3°，"指定矢量"为 X 轴，"底面"为固定面，单击"确定"，如图 6.82 所示。

（21）选择"边倒圆"功能按钮▧，倒圆半径设为 3 mm，选择两个棱边，单击"确定"，如图 6.83 所示。将所有相同部分做边倒圆处理。

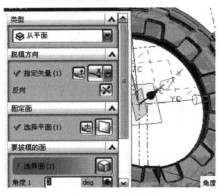

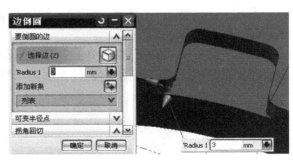

图 6.82　拔模　　　　　　　　　　　　　图 6.83　倒圆角

（22）单击"插入"—"草图"或者单击工具按钮▧进入创建草绘界面，"平面"选为"创建平面"，选择 XC-ZC 平面，进入草图界面，绘制如 6.84 所示草图。

（23）单击"完成草图"按钮▧▧无效图，返回实体建模空间，选择"回转"按钮▧，选择所画草图线框，"指定矢量"为 XC 轴，"指定点"为默认（或为 0,0,0），"开始"角度为 0，"结束"角度为 360，"布尔"为求差，单击"确定"，如图 6.85 所示。

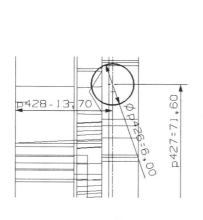

图6.84　草图

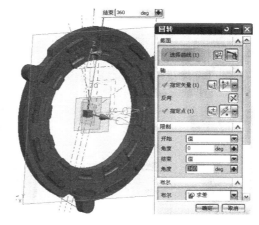

图6.85　旋转建模

（24）单击"插入"—"草图"或者单击工具按钮进入创建草绘界面，"平面选项"选为创建平面，选择 YC-ZC 平面，进入草图界面，绘制如图6.86草图。

（25）选择"拉伸"特征按钮，选择所画草图直线，"指定矢量"为 XC 轴，限制"开始"距离为 0 mm，"结束"距离为8.30 mm，"布尔"为求和，单击"确定"，如图6.87所示。

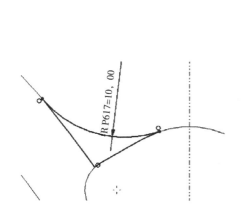

图6.86　草图

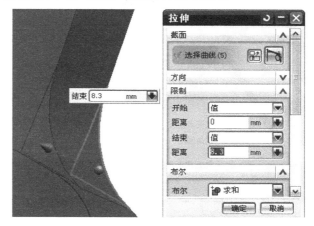

图6.87　拉伸

（26）利用"实例特征"工具，选择 XC 轴做基准轴，选择第上一步创建的拉伸特征阵列3个均布的拉伸特征，图略。

（27）选择"拔模"特征操作工具，选择压盘外圈表面，拔模"角度"为3，"指定矢量"为 X轴，底面为固定面，单击"确定"，如图6.88所示。

（28）继续选择"拔模"特征操作工具，选择压盘外圈凸台侧表面，拔模"角度"为3，"指定矢量"为 X 轴，凸平底面为固定面，单击"确定"，如图6.89所示。

（29）选择"边倒圆"功能按钮，倒圆半径设为3 mm，选择最高削边的两个棱边（共3组），单击"确定"，如图6.90所示。

（30）选择"边倒圆"功能按钮，倒圆半径设为1.5 mm，选择凸台底圈，单击"确定"，如图6.91所示。

图 6.88　拔模

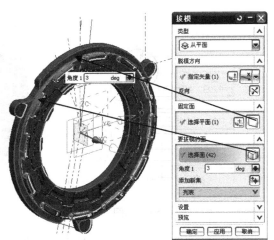

图 6.89　拔模

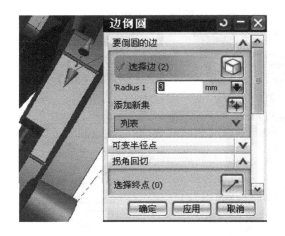

图 6.90　边倒圆

图 6.91　边倒圆

（31）选择"边倒圆"功能按钮![]，倒圆半径设为 1 mm，选择 3 个搭子凸台内圈，单击"确定"，如图 6.92 所示。

图 6.92　边倒圆

（32）选择"边倒圆"功能按钮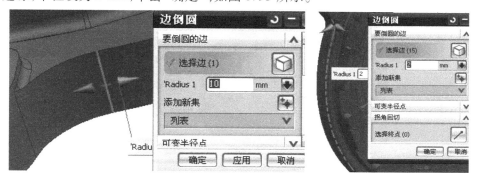，先在侧面切线处倒圆，半径设为 10 mm，再选择 3 个外圈凸台边缘，半径设为 2 mm，单击"确定"，如图 6.93 所示。

图 6.93　外圈凸台边缘倒圆

（33）选择"边倒圆"功能按钮，选择凹槽内下边缘，半径设为 2 mm，单击"确定"。继续选择"边倒圆"功能按钮，选择凹槽孔口边缘，半径设为 3 mm，单击"确定"，如图 6.94 所示。

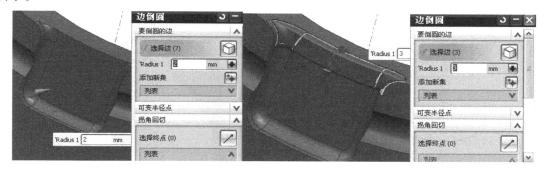

图 6.94　倒圆角

（34）选择"边倒圆"功能按钮，选择所有圆弧槽内外边缘，半径设为 2 mm，单击"确定"，如图 6.95 所示。

（35）选择"边倒圆"功能按钮，选择所有（相切）凹槽内上边缘，半径设为 2 mm，单击"确定"，如图 6.96 所示。

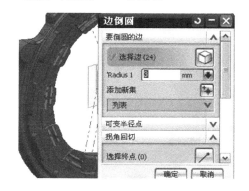

图 6.95　倒圆角

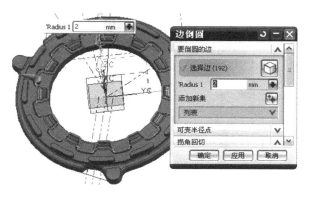

图 6.96　倒圆角

（36）选择"边倒圆"功能按钮🔲，选择所有台下边缘，半径设为 1.5 mm，单击"确定"，如图 6.97 所示。

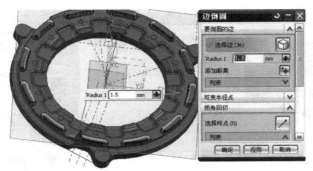

图 6.97　倒圆角

（37）单击"插入"—"草图"或者单击工具按钮🔲进入创建草绘界面，平面选项选为创建平面，选择 YC-ZC 平面，进入草图界面，绘制如 6.98 草图。

（38）选择"基准平面"功能按钮🔲，以凹槽上表面为依据，偏置 1 mm，建立 1 个基准平面，如图 6.99 所示。

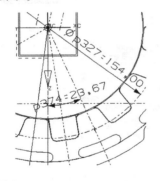

图 6.98　草图

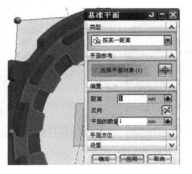

图 6.99　建立基准平面

（39）选择"孔"工具按钮🔲，设置"直径"为 6 mm，"深度"为 1 mm，选择上一步建立的基准平面，单击"应用"，选"点到点"定位，选前面建立的点，结果如图 6.100 所示。

（40）利用"实例特征"工具按钮🔲，选择 XC 轴做基准轴，选择上一步创建的拉伸特征阵列 12 个均布的孔特征，如图 6.101 所示。

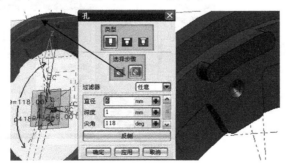

图 6.100　孔建模

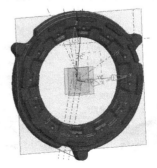

图 6.101　阵列特征

（41）单击"圆柱"特征工具条按钮▣，进入圆柱建模界面，"指定矢量"为 XC 轴，单击"指定点"，弹出点对话框，输入坐标 X0，Y0，Z0，再输入"直径"130 mm，"高度"2 mm，"布尔"为求差，单击"确定"，如图 6.102 所示。

（42）选择"边倒圆"功能按钮◪，选择底孔台阶内边缘，半径设为 1 mm，单击"确定"，如图 6.103 所示。

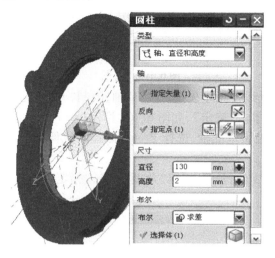

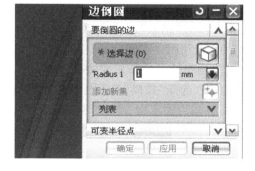

图 6.102　圆柱体建模　　　　　　　　　　　　　　　图 6.103　边倒圆

（43）单击"圆柱"特征工具条按钮▣，进入圆柱建模界面，"指定矢量"为 XC 轴，单击"指定点"，弹出点对话框，输入坐标 X0，Y0，Z-2，再输入"直径"260 mm，"高度"2 mm，"布尔"为求和，如图 6.104 所示。

（44）选择"边倒圆"功能按钮◪，选择上一步建立的圆柱面与零件底面的交线，半径设为 2 mm，单击"确定"，如图 6.105 所示。

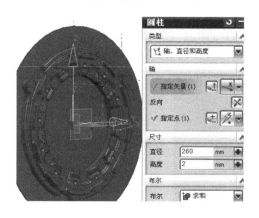

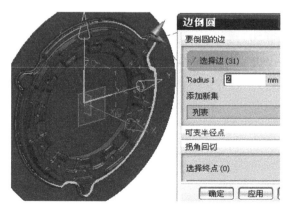

图 6.104　圆柱建模　　　　　　　　　　　　　　　　图 6.105　边倒圆

（45）选择"修剪体"特征按钮▣，选择体，再选择 Y-Z 平面，保持箭头朝里面，单击"确定"，如图 6.106 所示。

（46）选择"草图"工具按钮▣，进入创建草绘界面，平面选为创建平面，选择 YC-ZC 平面，进入草图界面,绘制如图 6.107 所示草图。

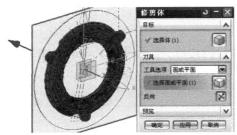

图 6.106　修剪体

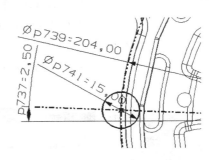

图 6.107　草图

(47)选择"拉伸"特征按钮，选择所画草图直线,"指定矢量"为 XC 轴,限制"开始"距离为 4.5 mm,"结束"距离为 20 mm,"布尔"为求差,单击"确定",如图 6.108 所示。

(48)利用"实例特征"工具按钮，选择 XC 轴做基准轴,选择上一步创建的拉伸特征阵列 3 个均布的拉伸布尔差特征,图略。

(49)选择"拔模"特征操作工具按钮，选择内圆柱表面,拔模"角度"为 3,"指定矢量"为 X 轴,底面为固定面,单击"确定",如图 6.109 所示。

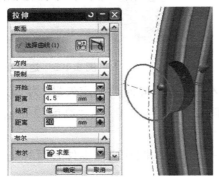

图 6.108　拉伸

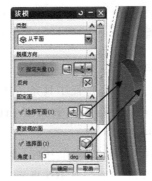

图 6.109　拔模

(50)选择"边倒圆"功能按钮，选择上一步建立的拉伸面与零件布尔差的交线,半径设为 2 mm,单击"确定",如图 6.110 所示。

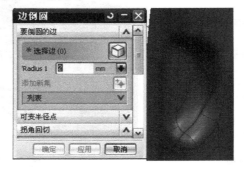

图 6.110　边倒圆

(51)选择"移动至图层"功能按钮，在"类型过滤器"中选择"实体"项目,单击"确定",在"目标图层"中输入 2,单击"确定",再回到"类选择"对话框,单击"全选",单击"确定",如

图 6.111 所示。

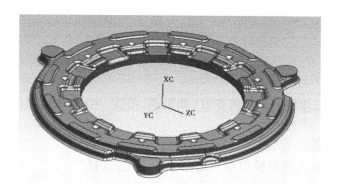

图 6.111　移动实体到图层 2

（52）单击"视图"—"可视化"—"真实着色编辑器"，设置后结果如图 6.112 所示。

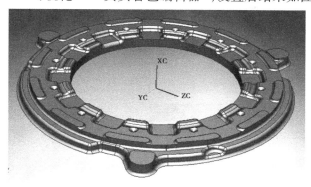

图 6.112　真实着色

（53）单击"文件"—"全部保存"。

<h1 style="text-align:center">学习方法</h1>

（1）在重点掌握成形特征和特征操作功能的各个工具功能的具体用法的基础上，仔细观察教师的讲解、演示，做好课堂笔记；然后在上机操作过程中，以教材和多媒体视频为参照，完成每一个项目任务的练习，应该把每个任务练习 2 遍以上，以达到巩固的目的。

（2）学习过程中，要认真体会各个实例，把特征建模和特征操作中的各个建模功能指令琢磨透彻，除了书上和教师所讲方法外，运用自己的思路进行建模，达到异曲同工、殊途同归的结果，培养自己的创造力和应用知识的能力。

（3）注重草绘、基准面、点构造器、矢量构造器等功能在建模中的运用。

（4）深入加工实际，寻找一些机床、产品的实际二维工程图作为三维建模的素材进行练习，以提高自己的建模水平。

知识扩展

1. 几何分析

几何分析就是对三维模型的几何参数(如距离、角度、半径、几何属性、检查几何体)进行查询和分析。

1)"距离分析"

"距离分析"功能就是测量模型两点之间的长度值,选择"分析"—"测量距离"或者单击功能按钮 ,打开测量距离对话框。在类型下拉列表框中有"距离"(图6.113)、"投影距离"(图6.114)、圆弧长度、半径(图6.115)、点在曲线上(测量在样条曲线上的点的位置)。

图6.113 测量两点之间的距离

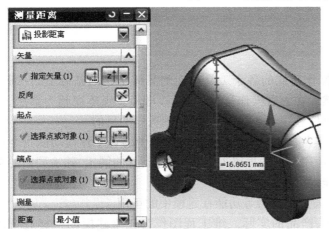

图6.114 测量两点之间的投影距离

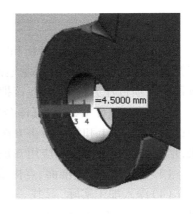

图6.115 测量半径

2)"角度分析"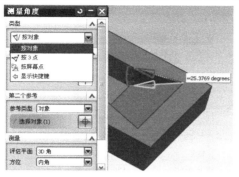

角度分析主要用于测量两条直线之间的角度,有按对象(图 6.116)、按 3 点(图 6.117)、接触屏点等类型。单击"分析"—"测量角度"或者单击功能按钮,打开测量距离对话框,选择两条直线或者对象的 3 点为测量对象,便可得出角度数值,如图 6.116 和图 6.117 所示。

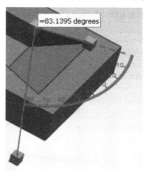

图 6.116 按对象测量角度　　图 6.117 按 3 点测量角度

3)"几何属性" 几何属性(G)

"几何属性"功能主要分析曲线、边、面上的点的坐标数值、U 和 V 向百分比、主曲率半径等。单击"分析"—"几何属性"或者单击功能按钮 几何属性(G),弹出几何属性对话框,选择几何物体的特征点,结果如图 6.118 所示。

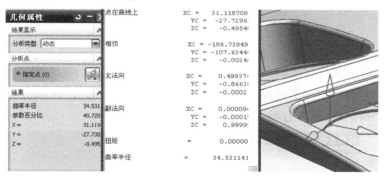

图 6.118 测量点的几何属性

4)"最小半径"

单击"分析"—"最小半径",弹出"最小半径"对话框,选择几何模型,自动弹出分析结果信息,如图 6.119 所示。

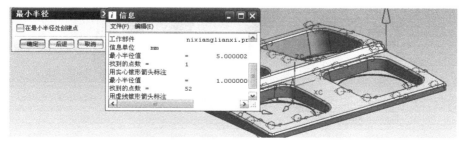

图 6.119 最小半径测量

2. 形状分析

形状分析主要是分析指定曲面的光顺和曲率状况,并按分析结果得出结论。

1)"截面分析"

截面分析通过曲率梳来反映截面的光顺情况。单击"截面分析"功能按钮,弹出"截面分析"对话框,选择分析曲面,其结果如图 6.120 所示。

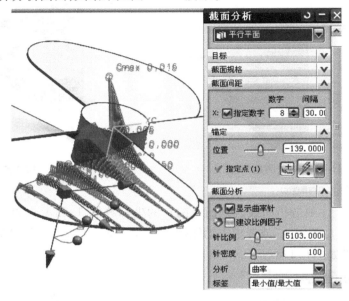

图 6.120　截面分析

2)"拔模分析"

"拔模分析"主要用于模型的拔模斜度及分型线的分析。单击"拔模分析"功能按钮,弹出"拔模分析"对话框,选择分析模型,其结果如图 6.121 所示。

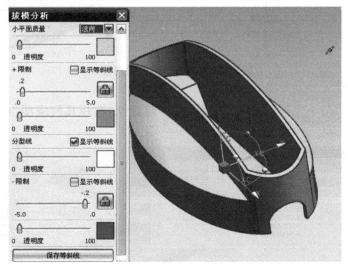

图 6.121　拔模分析

3. 曲线分析

曲线分析主要是分析样条曲线的几何参数,主要有峰值、拐点、曲率梳等分析项目。

1)"峰值分析" ![icon]

"峰值分析"主要是分析曲线的曲率半径值最大的峰值点,如图 6.122 所示。

2)"曲率梳分析" ![icon]

"曲率梳分析"主要是分析曲线的曲率半径变化,以确定曲线的光顺性。单击"曲率梳分析"按钮 ![icon] ,选择曲线,再单击"曲率梳分析-曲率梳选项"设定相关参数,便显示出曲率梳分析结果图,如图 6.123 所示。

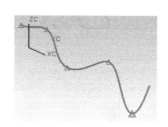
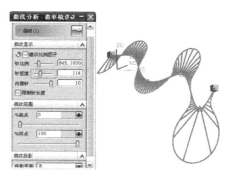

图 6.122　峰值点　　　　　　　　　　图 6.123　曲率梳

3)"拐点分析" ![icon]

"拐点分析"主要用来分析曲线的拐点,以确定曲率矢量从曲线的一侧翻转到另外一侧的变化点位置,如图 6.124 所示。

图 6.124　拐点

4. 测量体

测量体主要用于分析三维模型的质量、表面积、体积、回转半径、重量等数据,单击"分析"—"测量体",选择类型和几何模型,便会显示分析类型的结果(可以弹出信息记事本),如图 6.125 所示。

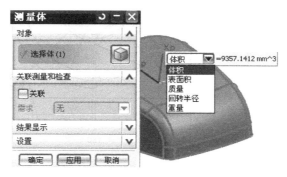

图 6.125　模型分析

习　题

根据前面所学的曲面及实体建模功能指令将下列零件图(图 6.126、图 6.127)用 UG 绘制成三维实体模型。

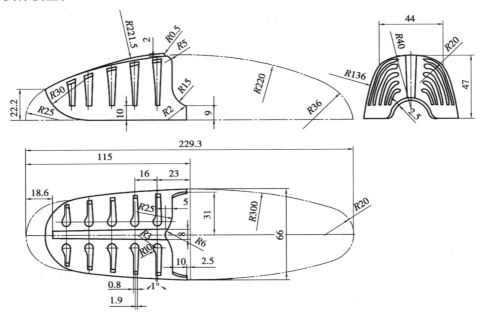

图 6.126　习题 1

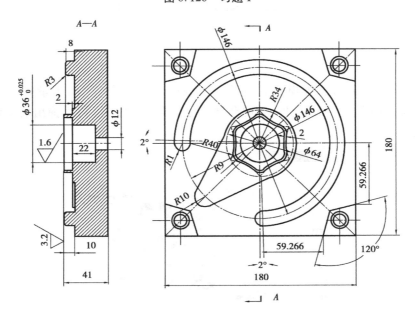

图 6.127　习题 2

项目成绩鉴定办法及评分标准

序 号	项目内容	评分标准	评分等级分类	配 分
1	课堂表现	学习资料(教材、笔记本、笔)准备情况	A B C D 四级	20
		课堂笔记记录情况	A B C D 四级	
		课堂活动参与情况	A B C D 四级	
		课堂提问回答情况	A B C D 四级	
		纪律(有无玩游戏等违纪情况)	好 合格 差	
2	课堂作业	任务一的练习完成情况	A B C D 四级	25
		任务二的练习完成情况	A B C D 四级	25
3	习题	习题1完成情况	A B C D 四级	15
		习题2完成情况	A B C D 四级	15

本项目学习信息反馈表

序 号	项目内容	评价结果
1	课题内容	偏多_____ 合适_____ 不够_____
2	时间分布	讲课时间(多_____合适_____不够_____) 作业练习时间(多_____合适_____不够_____)
3	难易程度	高_____ 中_____ 低_____
4	教学方法	继续使用此法_____ 增加教学手段_____ 形象性(好_____合适_____欠佳_____)
5	讲课速度	快_____ 合适_____ 太慢_____
6	课件质量	清晰_____ 模糊_____ 混乱_____ 字迹偏_____大_____小
7	课题实例数量	多_____合适_____不够_____
8	其他建议	

项目七
装　配

【项目简述】

UG 除了提供强大的造型功能外,还提供了装配功能。装配是 UG 通过装配模块将零部件组合成产品,通过配对条件在零部件间建立约束关系来确定空间位置。在 UG 中装配是虚拟装配,零部件的几何体是被引用到装配部件中,而不是被复制到装配部件中,零部件几何体仍放在原来的文件中。如果某零件被修改,则引用它的装配部件自动更新,以反映零件的最新变化。用户还可以装配功能生成装配体的爆炸图,更直观地了解零部件的装配。

【能力目标】

本项目通过具体的项目课题练习,掌握 UG 装配模块的添加组件、新建组件、替换组件及各种装配约束功能。明确自顶向下和自底向上的装配结构及爆炸图的设计方法,提高机械产品整机设计的能力。

【任务一】　万向轮装配

【任务描述】

通过本任务的练习,掌握 UG 装配模块的基本功能和部件的装配方法,提高 UG 综合运用能力。图 7.1 所示为万向轮装配模型图,图 7.2—图 7.5 为万向轮的二维工程图。

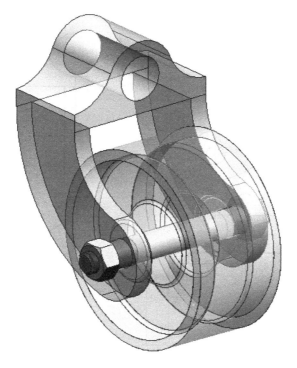

图 7.1　万向轮装配模型图

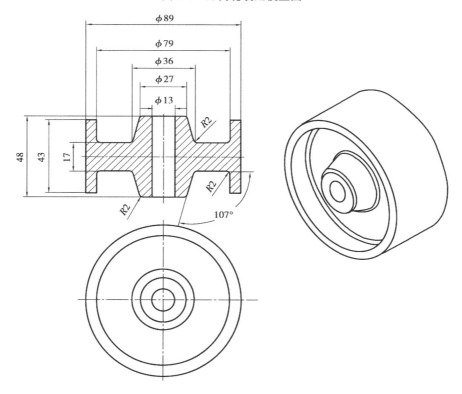

图 7.2　轮子零件图

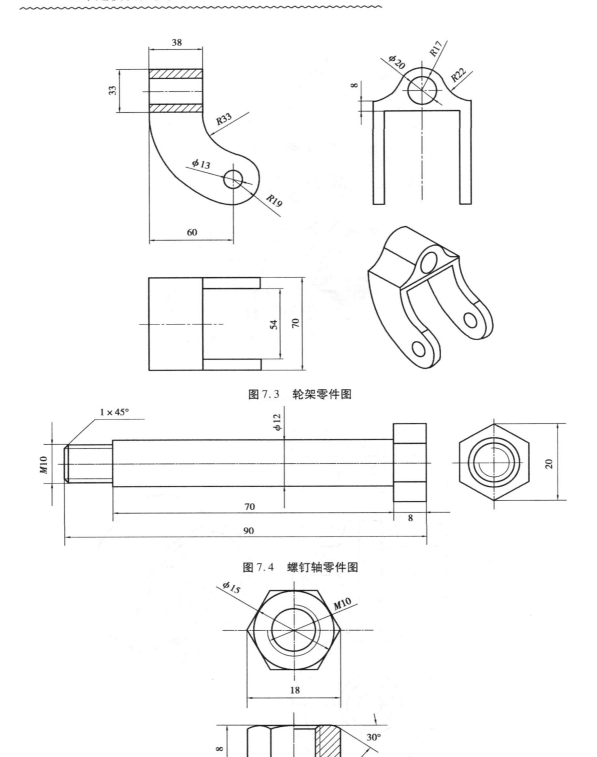

图 7.3　轮架零件图

图 7.4　螺钉轴零件图

图 7.5　螺母零件图

【活动一】 万向轮装配

图7.6所示为UGS NX-6.0装配模块界面。

图7.6 UGS NX-6.0装配模块界面

（1）单击"开始"—"程序"—"UGS NX 6.0-NX 6.0"，进入UGS初始界面，单击"文件"—"新建"（快捷键Ctrl + N）"或者单击"新建"按钮□，在"名称"对话框中输入"WanXiangLun-as-sem"，单位为毫米，选择装配模板，单击"确定"进入UGS NX-6.0装配模块界面，如图7.6所示。

（2）添加轮子组件：单击"添加组件"对话框中的按钮□，打开轮子零件模型，放置选项里"定位"选择"绝对原点"，设置选项里"Reference Set"选择"模型"，如图7.7所示，单击"确定"。

（3）装配轮架组件：单击"装配"—"组件"—"添加组件"或者单击按钮□，弹出添加组件对话框，打开轮架零件模型，放置选项里"定位"改为"通过约束"，如图7.8所示，单击"确定"。

图7.7 添加轮子组件

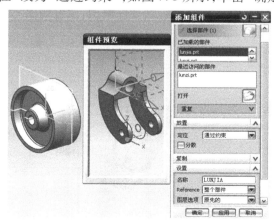

图7.8 添加轮架组件

在装配约束对话框中，"类型"选项改为"中心"，"要约束几何体"选项里子类型改为"2 对 2"，在组件预览窗口中拾取轮架两外侧面，然后拾取轮子两外侧面，如图 7.9 所示。

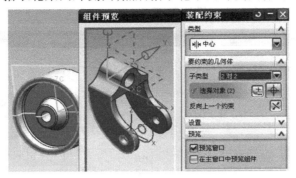

图 7.9　约束轮架组件——中心

在装配约束对话框中，"类型"选项改为"同心"，在组件预览窗口中拾取轮架，然后拾取轮子外轮廓圆，如图 7.10 所示，单击"确定"，如图 7.11 所示。

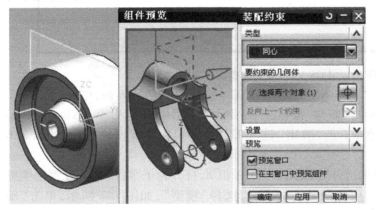
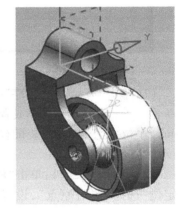

图 7.10　约束轮架组件——同心　　　　　　　图 7.11　装配轮架组件

(4)装配螺钉轴组件：单击"装配"—"组件"—"添加组件"或者单击按钮 ，弹出"添加组件"对话框，打开螺钉轴零件模型，设置如图 7.12 所示，单击"确定"。

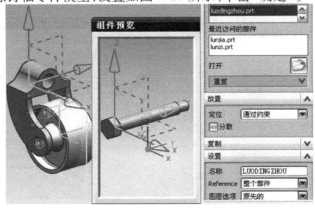

图 7.12　添加螺钉轴组件

在装配约束对话框中，"类型"选项改为"接触对齐"，在组件预览窗口中拾取螺钉轴表面，然后拾取轮架里侧外表面，如图7.13所示。

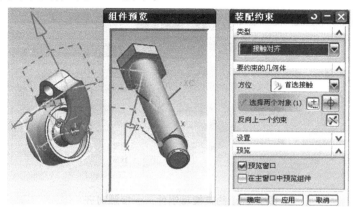

图 7.13 约束螺钉轴组件——接触对齐

在装配约束对话框中，"类型"选项改为"同心"，在组件预览窗口中拾取螺钉轴外圆轮廓，然后拾取轮子外圆轮廓，如图7.14所示，单击"确定"，如图7.15所示。

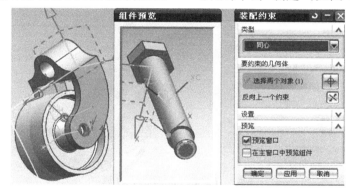 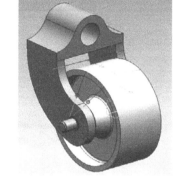

图 7.14 约束螺钉轴组件——同心   图 7.15 装配螺钉轴组件

（5）装配螺母组件：单击"装配"—"组件"—"添加组件"或者单击按钮，弹出添加组件对话框，打开螺母零件模型，设置如图7.16所示，单击"确定"。

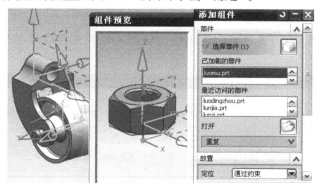

图 7.16 添加螺母组件

在"装配约束"对话框中,"类型"选项改为"接触对齐",在组件预览窗口中拾取螺母上表面,然后拾取轮架外侧表面,如图7.17所示。

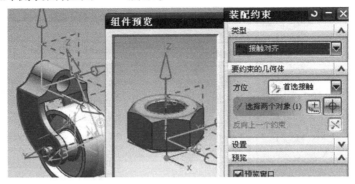

图7.17　约束螺母组件——接触对齐

在装配约束对话框中,"类型"选项改为"同心",在组件预览窗口中拾取螺母圆轮廓,然后拾取螺钉轴圆轮廓,如图7.18所示,单击"确定",如图7.19所示。

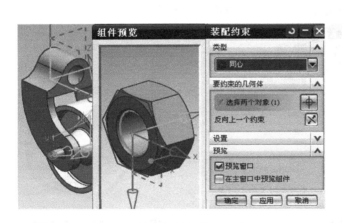 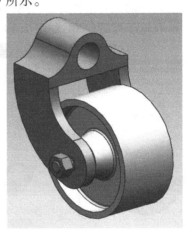

图7.18　约束螺母组件——同心　　　　　图7.19　装配螺母组件

【活动二】　本活动所涉及的主要指令

1.UG的装配功能概览

进入UG装配模块后,可通过装配菜单栏或装配工具栏来完成零部件的装配。装配工具栏如图7.20所示。

图7.20　装配工具栏

2. "**添加组件**"

单击"装配"—"组件"—"添加组件",或单击装配工具栏中的  按钮,弹出如图7.21所示的添加组件对话框。

1)部件
- 选择部件。
- 已加载的部件。
- 最近访问的部件。
- 打开:用于添加组件文件。

2)放置
- 定位:用于确定组件在装配体中的定位方式。
- 定位下拉列表:
- 绝对原点——用于按绝对原点的方式添加组件到装配体;
- 选择原点——用"点构造器"确定组件在装配体中的位置;
- 通过约束——用于按照配对条件确定组件在装配体中的位置;
- 移动——通过手动编辑进行定位。

3)设置
- 引用集 Reference Set:用于改变引用集。
- 图层选项:用于设置添加组件到装配体中哪一层。

3. 新建组件
单击"装配"—"组件"—"新建组件",弹出如图7.22所示的新组件文件对话框,按照新建文件的方法设置即可。

4. 替换组件
单击"装配"—"组件"—"替换组件",弹出如图7.23所示的替换组件对话框。

图7.21　添加组件对话框

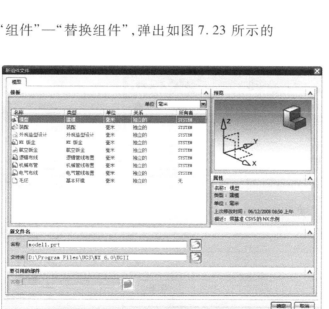

图7.22　新组件文件对话框

图 7.23　替换组件对话框

1）要替换的组件

● 选择组件：用于选取要替换的部件。

2）替换部件

● 选择部件。

● 已加载。

● 未加载。

● 浏览：用于添加替换部件文件。

5. 装配约束

单击"装配"—"组件"—"装配约束"，弹出如图 7.24 所示的装配约束对话框。

图 7.24　装配约束对话框

图 7.25　装配类型菜单

装配时约束类型有 10 种,装配类型下拉菜单如图 7.25 所示。

①角度:定义两个对象间的角度尺寸。

②中心:使一对对象之间的一个或两个对象居中,或使一对对象沿另一个对象居中。

③胶合:将组件"焊接"在一起,使它们作为刚体移动。

④适合:使具有等半径的两个圆柱面合起来。

⑤接触对齐:约束两个组件,使它们彼此接触或对齐。

⑥同心:约束两个组件的圆形边或椭圆形边,以使中心重合,并使边的平面共面。

⑦距离:指定两个对象之间的最小三维距离,利用正或负偏置值控制偏置侧。

⑧固定:将组件固定在其当前位置上。

⑨平行:将两个对象的方向矢量定义为相互平行。

⑩垂直:将两个对象的方向矢量定义为相互垂直。

【任务二】　顶尖爆炸图

【任务描述】

通过本任务的练习,掌握 UG 装配模块的基本功能和顶尖的装配方法,提高 UG 综合运用能力。图 7.26 所示为顶尖装配模型图,图 7.27 所示为顶尖装配爆炸图,图 7.28—图 7.31 为二维工程图。

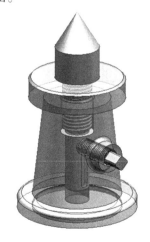

图 7.26　顶尖装配模型图

图 7.27　顶尖装配爆炸图

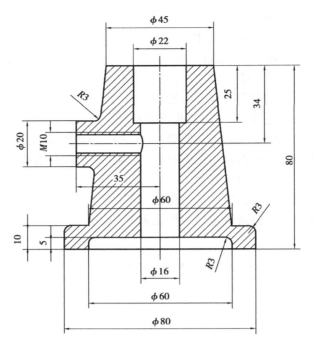

图 7.28　底座零件图

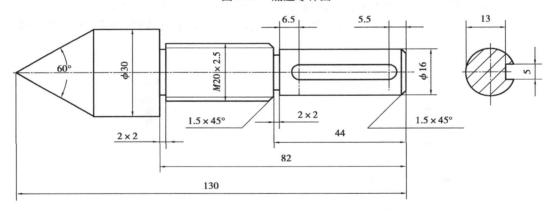

图 7.29　顶尖零件图

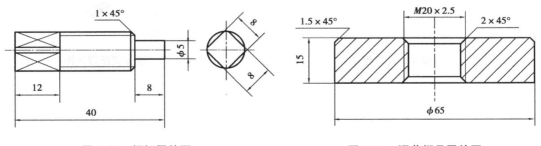

图 7.30　螺钉零件图　　　　　　　　　图 7.31　调节螺母零件图

【活动一】　顶尖爆炸图生成

（1）单击"开始"—"程序"—"UGS NX 6.0-NX 6.0"进入 UGS 初始界面,单击"文件"—"打开"或者单击按钮 ，打开顶尖装配模型 DingJian_assem 文件,如图 7.32 所示。

图 7.32　顶尖装配模型

（2）单击"装配"—"爆炸图"—"新建爆炸"或者单击按钮 ，弹出如图 7.33 所示创建爆炸图对话框,输入爆炸图名称,单击"确定"。

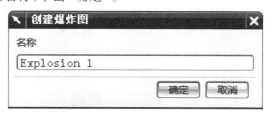

图 7.33　创建爆炸图对话框

（3）单击"装配"—"爆炸图"—"编辑爆炸图"或者单击按钮 ，弹出编辑爆炸图对话框,选择螺母,如图 7.34 所示,然后单击鼠标中键,拖动手柄 Y 轴至合适位置,如图 7.35 所示,单击"确定"。

图 7.34　拾取螺母　　　　　　　　　　图 7.35　爆炸螺钉

（4）单击"装配"—"爆炸图"—"编辑爆炸图"或者单击按钮 ，弹出编辑爆炸图对话框,选择零件-顶尖,如图 7.36 所示,然后单击鼠标中键,拖动手柄 Z 轴至合适位置,如图 7.37 所示。

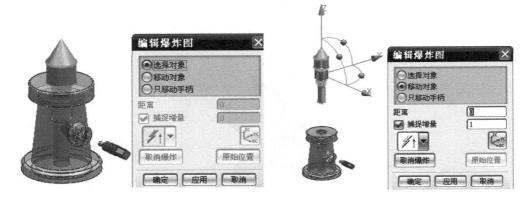

图 7.36　拾取顶尖　　　　　　　　　　　　　　　图 7.37　爆炸顶尖

　　单击编辑爆炸图对话框中的 ⊙选择对象,选择调节螺母,如图 7.38 所示,然后单击鼠标中键,拖动手柄 Z 轴至合适位置,如图 7.39 所示,单击"确定",如图 7.40 所示。

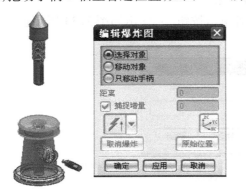

图 7.38　选择调节螺母　　　　　　　　　　　　　图 7.39　爆炸调节螺母

图 7.40　顶尖爆炸图

【活动二】 本活动所涉及的主要指令

1. 装配方法

1）自底向上装配

自底向上装配是先设计好装配中的部件的几何模型,再将该部件的几何模型添加到装配中,自底向上逐级进行设计。

2）自顶向下装配

自顶向下装配是由综合配套的顶级向下产生子装配体和组件,在装配层次上建立和编辑组件,自顶向下逐级进行设计。

3）混合装配

混合装配是将自底向上装配和自顶向下装配结合在一起的装配方法,在实际设计中,根据需要在两种模式下切换。

2. "爆炸图"

"爆炸图"是在装配模型中组件按装配关系偏离原来位置的拆分图形,爆炸图的创建可以方便用户查看装配中的零件及其相互之间的装配关系。爆炸图工具栏如图 7.41 所示。

图 7.41 爆炸图工具栏

1）"创建爆炸图"

单击"装配"—"爆炸图"—"新建爆炸",弹出如图 7.42 所示的创建爆炸图对话框,在该对话框中输入爆炸图名称,单击"确定"。

图 7.42 创建爆炸图对话框

2）"编辑爆炸图"

该命令用于手动调整组件位置,生成爆炸图。

单击"装配"—"爆炸图"—"编辑爆炸图",弹出如图 7.43 所示的编辑爆炸图对话框,选择要炸开的组件,单击鼠标中键或在对话框中选择"移动对象",用动态手柄直接拖动组件到合适位置,单击"确定"或"应用",完成组件爆炸。

3）"自动爆炸组件"

自动爆炸组件是基于组件关联关系,沿表面的正交方向自动爆炸组件。

单击"装配"—"爆炸图"—"自动爆炸组件",弹出如图 7.44 所示的类选择对话框,选择要炸开的组件,单击"确定",弹出如图 7.45 所示的爆炸距离对话框,输入组件之间炸开的距离,单击"确定"。

图 7.43　编辑爆炸图对话框

图 7.44　类选择对话框　　　　　　图 7.45　爆炸距离对话框

①距离:用于设置自动爆炸组件之间的距离,方向由输入数字正负来控制。

②添加间隙:用于增加爆炸组件之间的间隙。如果关闭该选项,则指定的距离为绝对距离,即组件从当前位置移动指定的距离;如果打开该选项,则指定的距离为组件相对于关联组件移动的相对距离。

学习方法

(1)在重点掌握装配模块的各个工具功能的具体用法的基础上,仔细观察教师的讲解、演示,做好课堂笔记;然后在上机操作过程中,以教材和多媒体视频为参照,完成每一个项目任务的练习,应该把每个任务练习 2 遍以上,以达到巩固的目的。

(2)学习过程中,要认真体会各个实例,把组件装配和爆炸图操作中的各个建模功能指令琢磨透彻,除了书上和教师所讲方法外,运用自己的思路进行装配和爆炸图设计,达到异曲同工、殊途同归的结果,培养自己的创造力和应用知识的能力。

(3)注重添加组件、装配约束、爆炸图系列功能在组件装配和爆炸图中的运用。

(4)将《机械制图》中的装配内容用 UG 零件进行建模,然后用本项目所学的功能进行装配和爆炸图训练。

习　题

1.根据前面所学的指令,按图7.46—图7.55 完成平口钳的零部件造型及装配。

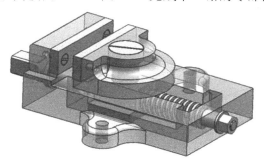

图 7.46　平口钳装配图

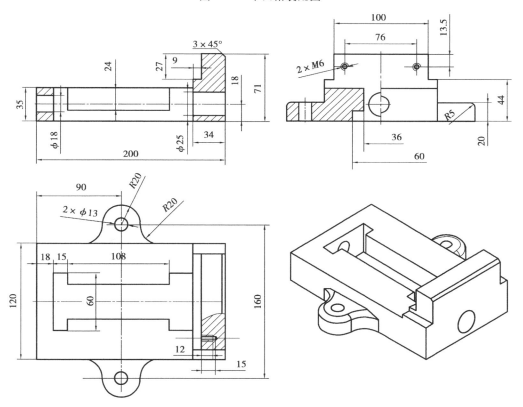

图 7.47　固定钳身零件图

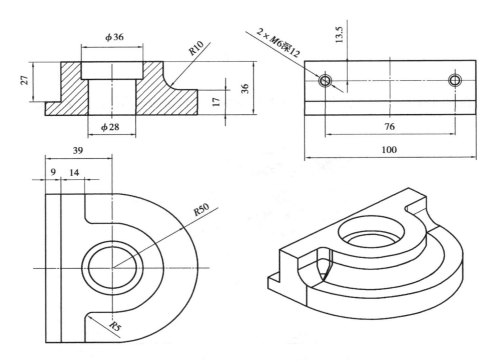

图 7.48　活动钳身零件图

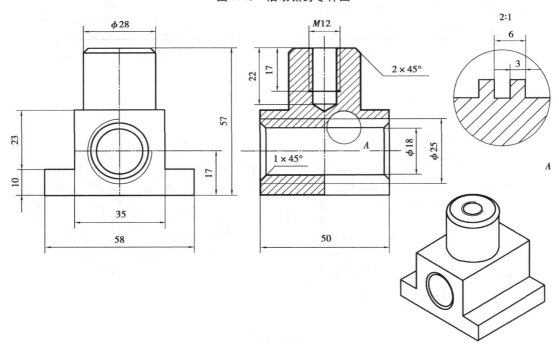

图 7.49　滑块零件图

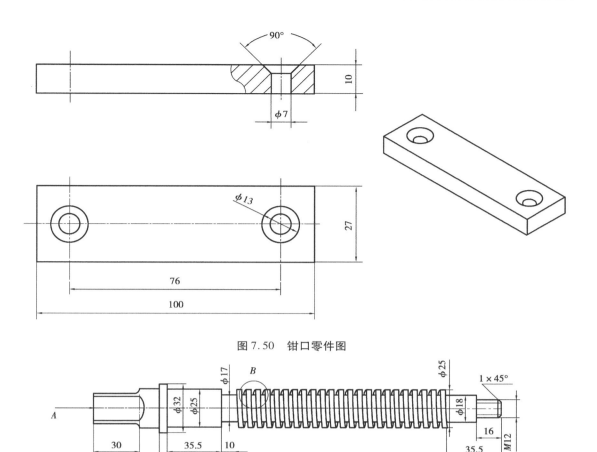

图 7.50　钳口零件图

图 7.51　丝杆零件图

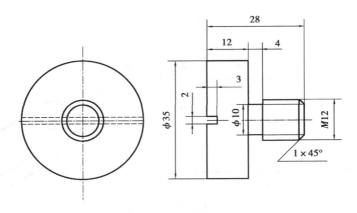

图 7.52　圆螺丝钉零件图

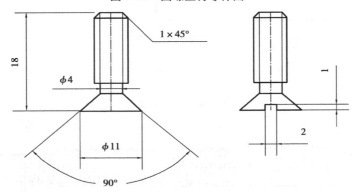

图 7.53　锥螺丝钉零件图

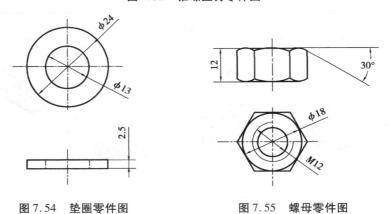

图 7.54　垫圈零件图　　　　　　图 7.55　螺母零件图

2. 根据前面所学的指令,按图 7.56—图 7.62 完成小虎钳的零部件造型及装配。

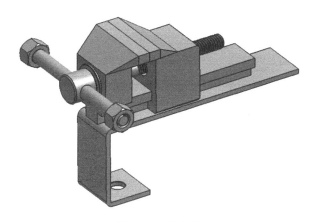

图 7.56　小虎钳

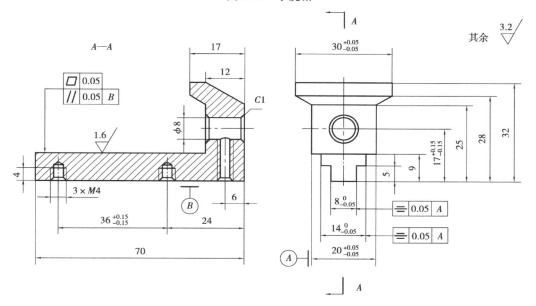

图 7.57　固定钳身零件图

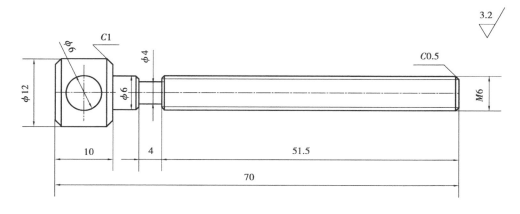

图 7.58　螺杆零件图

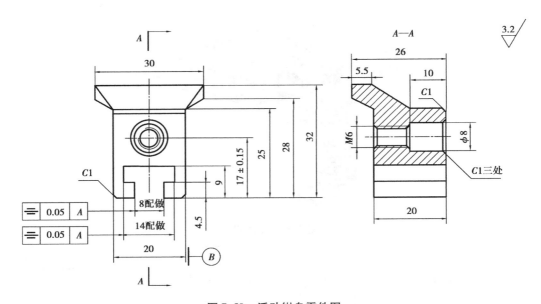

图 7.59 活动钳身零件图

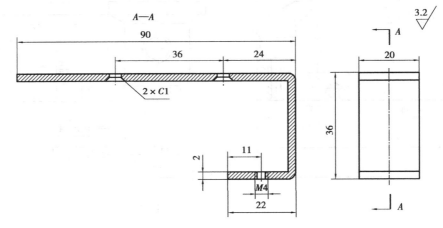

图 7.60 钳身固定板零件图

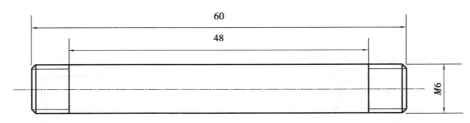

图 7.61 手柄零件图

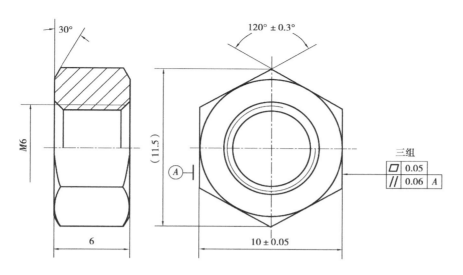

图 7.62　螺母零件图

3. 根据前面所学的指令,按图 7.63 完成零部件造型及装配。

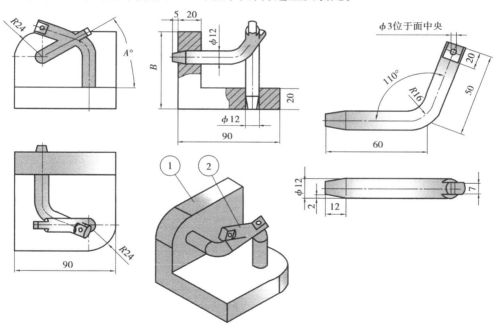

图 7.63　装配图

项目成绩鉴定办法及评分标准

序　号	项目内容	评分标准	评分等级分类	配　分
1	课堂表现	学习资料(教材、笔记本、笔)准备情况	A　B　C　D 四级	30
		课堂笔记记录情况	A　B　C　D 四级	
		课堂活动参与情况	A　B　C　D 四级	
		课堂提问回答情况	A　B　C　D 四级	
		纪律(有无玩游戏等违纪情况)	好　合格　差	
2	课堂作业	任务一的练习完成情况	A　B　C　D 四级	20
		任务二的练习完成情况	A　B　C　D 四级	20
3	习题(至少完成 2 题)	习题 1 完成情况	A　B　C　D 四级	10
		习题 2 完成情况	A　B　C　D 四级	10
		习题 3 完成情况	A　B　C　D 四级	10

本项目学习信息反馈表

序　号	项目内容	评价结果
1	课题内容	偏多_____　　合适_____　　不够_____
2	时间分布	讲课时间(多_____合适_____不够_____) 作业练习时间(多_____合适_____不够_____)
3	难易程度	高_____　中_____低_____
4	教学方法	继续使用此法_____　增加教学手段_____ 形象性(好_____合适_____欠佳_____)
5	讲课速度	快_____合适_____太慢_____
6	课件质量	清晰_____模糊_____混乱_____字迹偏_____大_____小
7	课题实例数量	多_____合适_____不够_____
8	其他建议	

项目八
工程图设计

【项目简述】

UG 的制图功能是以创建的三维实体模型为依据，然后经过严格的投影关系所得到的二维工程图，因此，工程图与三维实体模型是完全关联的，三维实体模型的尺寸、形状、位置的改变，都会引起二维工程图作出对应的变化，所以，UG 同一产品的二维图形与三维模型保持了严格的相关性。

利用工程图模块可以进行产品的基本视图生成，为已经生成的视图进行产品尺寸、尺寸公差、形位公差及技术要求标注等。同时可以方便地进行图纸管理和编辑。

【能力目标】

通过本项目课题练习，掌握 UG 工程图模块的工程图的创建和编辑方法；掌握图纸创建、基本视图的投影及剖视图等视图生成方法；掌握产品视图的尺寸标注、公差标注、技术要求标注方法，提高设计机械产品二维工程图纸的能力。

【任务】 零件的工程图

【任务描述】

通过本任务的练习，掌握 UG 制图模块的基本功能和零件的工程制图方法，提高 UG 综合运用能力。图 8.1 所示为阀塞零件工程图。

【活动一】 阀塞零件工程图

（1）单击"文件"—"打开"，选择 fasai. prt，单击"确定"，打开阀塞零件，如图 8.2 所示。

（2）单击—"开始"—"制图"按钮 🖈 制图(D) 进入工作表对话框，"大小"选择"A4-210-297"，选择"第一象限角投影"，单击"确定"，如图 8.3 所示。

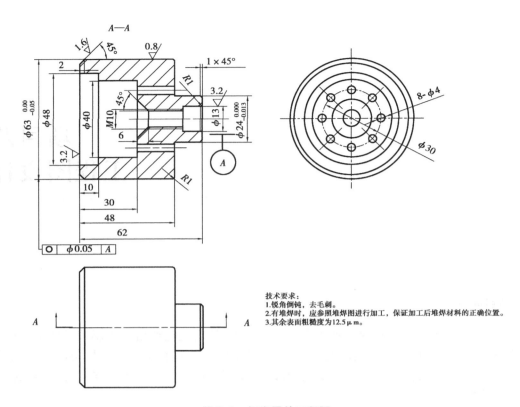

图 8.1　阀塞零件工程图

图 8.2　阀塞零件模型

图 8.3　工作表设置

（3）单击"插入"—"视图"—"基本视图"，或者单击功能按钮，添加视图 TOP（俯视图），如图 8.4 所示。

268

（4）选择主菜单—"首选项"—"制图项"，作如图8.5所示设置，取消选择"显示边界"。

图8.4　基本视图（俯视图）　　　　图8.5　制图首选项设置

（5）单击"插入"—"视图"—"基本视图"—"　剖视图(S)"，以上面的俯视图为基础进行全剖视图投影，如图8.6所示。

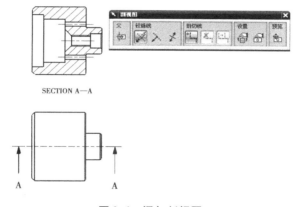

图8.6　添加剖视图

（6）选择已投影的剖视图，再单击"插入"—"视图"—"投影视图"按钮　投影视图(J)，作右侧视图投影，如图8.7所示。

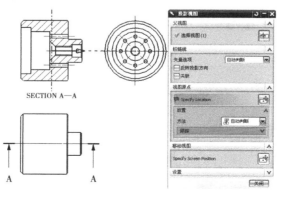

图8.7　投影视图

(7)单击"插入"—"尺寸"—"自动判断"按钮 ⚡ 自动判断(I)和"直径"功能按钮 🔍,标注如图 8.8 所示尺寸。

(8)UG 粗糙度标注需要设置环境变量,在安装目录(X:\Program Files\UGS\NX 6.0\UGII)下的子目录里面将 ugii_env 或 ugii_env.dat 文件用记事本打开,修改之前设置的环境变量。设置 UGII_SURFACE_FINISH = ON,重新启动"UG NX6.0",重新打开本零件工程图,单击"插入"—"符号"—"表面粗糙度符号",然后标注表面粗糙度,如图 8.9 所示。

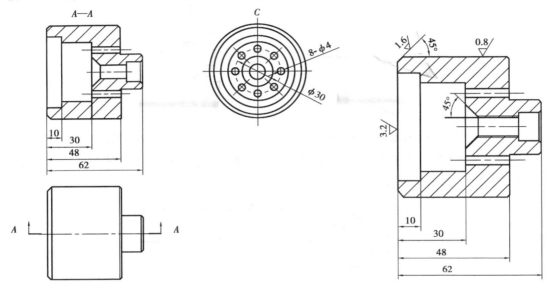

图 8.8　标注尺寸和直径　　　　　　　　图 8.9　表面粗糙度

(9)单击"插入"—"尺寸"—"自动判断"按钮 ⚡ 自动判断(I),选择螺纹孔,单击"文本",弹出"文本"编辑器,在"附加文本"下面选择"在前面",在空白文字输入区输入 M,如图 8.10 所示。

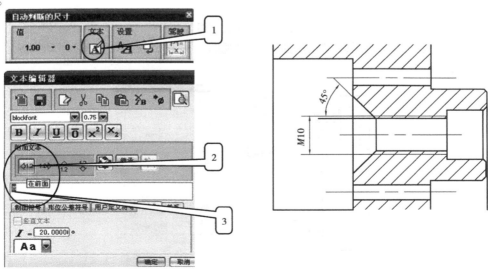

图 8.10　螺纹标注

270

（10）单击"插入"—"尺寸"—"圆柱形"按钮 ，在"值"一栏中选择"双向公差"，单击"公差"，输入"上限"0，"下部"－0.05，结果如图 8.11 所示．

（11）单击"插入"—"符号"—"定制符号"按钮 定制符号(C... ，在符号库中选择"Identifiation Symbols"，在"Text"中输入 A，"刻度尺"输入 0.5，然后利用"曲线"功能，绘制两条垂直线，结果如图 8.12 所示。

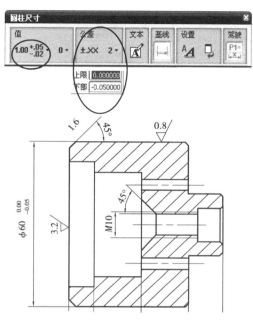

图 8.11　标注尺寸公差

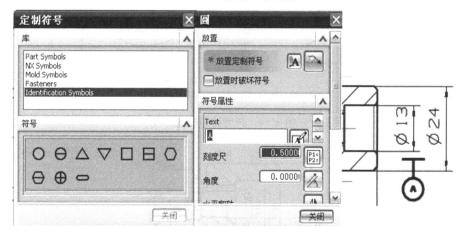

图 8.12　基准符号

（12）选择"插入"—"特征控制框"按钮 ，在"特性"中选择同轴度，在"框样式"中选择单框，在"公差"中选择 Φ，数值输入 0.05，单击"指引线"—"样式"，在"箭头"下选择"填充箭头"，在主基准参考 A，选择 φ63mm 尺寸，结果如图 8.13 所示。

（13）选择 φ24 尺寸，右击，选择"样式"，在尺寸对话框中作如下设置：上偏差为 0，下偏差

为 -0.013,选择"文字"项,将"公差"字符大小设为 1.5 mm,结果如图 8.14 所示。

(14)利用"✗"和"↙"添加圆角和倒角标注,如图 8.15 所示。

(15)单击"注释"按钮✍,弹出"注释"对话框,输入技术要求,单击"样式",设置文字样式为 chinesef,结果如图 8.16 所示。

(16)运用标注功能,完成其他选项标注,结果如图 8.17 所示。

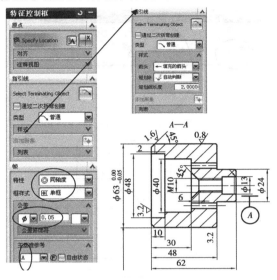

图 8.13　形位公差标注

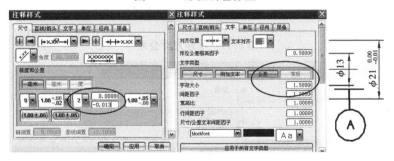

图 8.14　尺寸公差设置

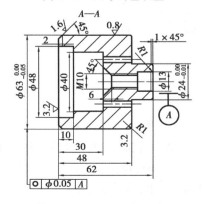

图 8.15　圆弧倒角标注

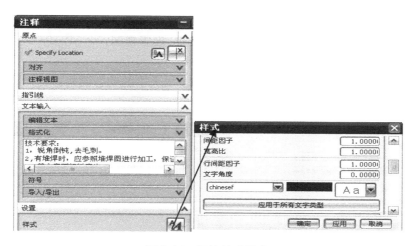

图 8.16 标注技术要求

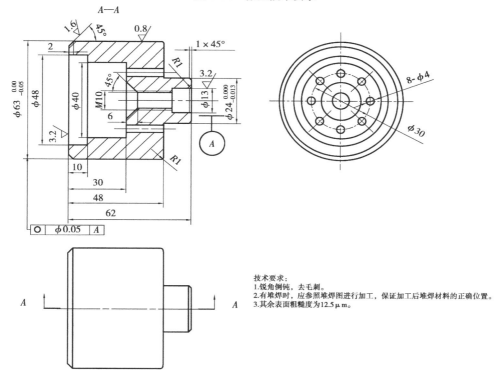

图 8.17 完整工程图

【活动二】 本活动所涉及的主要功能指令

1.制图首选项

制图首选项的主要作用是设置尺寸标注、符号标注的显示格式,以利于合理布局图纸幅面,使工程图更加和谐美观。

单击"首选项"—"制图"。制图首选项主要包括常规、预览、制图、注释 4 个选项。分别控制制图的版次、视图样式、边界颜色及显示、制图线型、线宽等。

①版次控制选项(图8.18)可以保持对象版次更新和升级选定对象;

②"图纸工作流"可以启动基本视图、插入图纸页、投影视图;

③"图纸设置"可以使用模板和标准设置;

④预览选项(图8.19)可以控制视图的样式和全局选中的动态调整;

 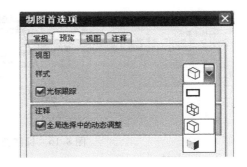

图 8.18　版次控制选项　　　　图 8.19　预览选项

⑤更新选项(图8.20)用于设置视图更新模式;

⑥边界选项控制是否显示边界及其颜色;

⑦"显示"已抽取的边可以显示和强调和仅曲线;

⑧视觉选项可以设置视觉效果;

⑨注释选项(图8.21)可以设置虚线等线型可见不可见及线的类型。激活"保留注释"项,就可以设置自己喜欢的类型。

  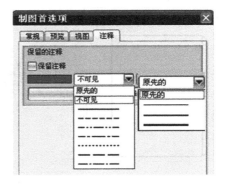

图 8.20　更新选项　　　　图 8.21　注释选项

2. 注释首选项

单击"首选项"—"注释",共有13个选项,下面就几个常用的选项进行介绍。

①尺寸选项(图8.22)主要用于公差标注和尺寸标注样式的设置;

②直线/箭头选项(图8.23)主要用于尺寸标注时箭头和直线的样式、大小、类型设置;

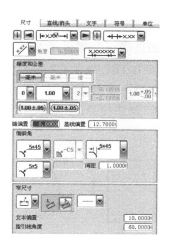

图 8.22　尺寸选项

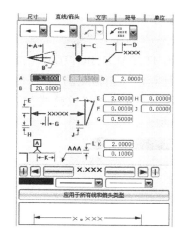

图 8.23　直线/箭头选项

③文字选项(图8.24)可以设置文字的对准、对齐位置和方式,可以设置文字的类型、尺寸、间距、高宽比、行距及角度,可以预览所设置的文字效果;

④符号选项(图8.25)可以设置符号的线型、粗细、大小、颜色,使用时先选择"标识、交点、用户定义、目标、中心线、形位公差"6个项目之一,然后再进行设置;

图 8.24　文字选项

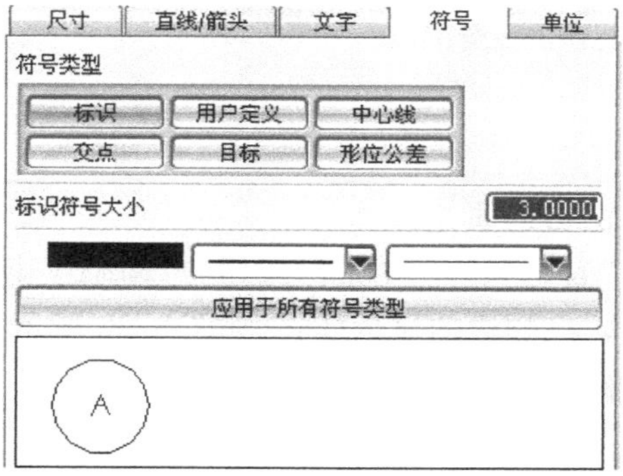

图 8.25　符号选项

⑤单位选项(图8.26)主要用于公差标注样式、标注精度、角度格式和单位等的设置;

⑥径向选项(图8.27)主要用于设置直径和半径符号的样式、半径和直径的精度等。

图 8.26　单位选项

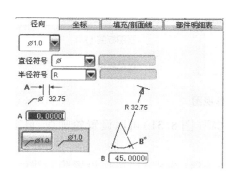

图 8.27　径向选项

3. 基本视图

单击"插入"—"视图"—"基本视图"按钮 。视图选项一共提供了 8 种投影位置样式：TOP,FRONT,RIGHT,BACK,BOTTOM,LEFT,TFR-ISO,TFR-TRI,包含了"主视图、俯视图、左视图、右视图、后视图、正等侧轴测图、斜二侧轴测图"。在第一个基本视图投影成功后,将弹出"投影视图"对话框,可以根据"铰链线"定义方向,根据"视图原点"设置视图放置模式,如图8.28、图8.29所示。

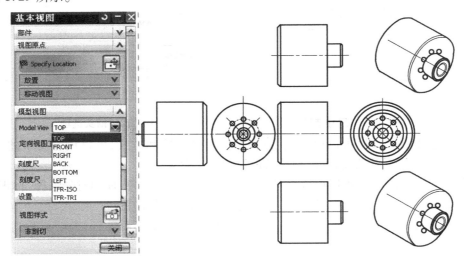

图 8.28　基本视图

4. 视图首选项

单击"首选项"—"视图"按钮 视图(V)。该项目可以控制视图的特征显示模式,如轮廓线、隐藏线、广顺边的显示样式,如图8.30所示。

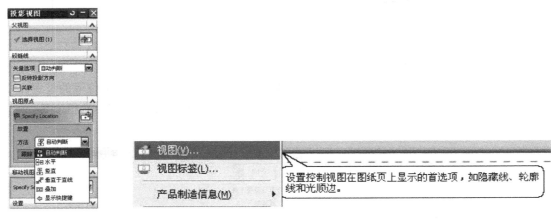

图 8.29　投影视图　　　　　　　　　　　　图 8.30　视图首选项

①常规选项(图8.31)可以设置轮廓线、自动更新、栅格、中心线、边界检查、公差及线框颜色源的样式;

②隐藏线选项(图8.32)可以设置隐藏线的线型、线宽、颜色、隐藏方式、干涉实体、小特征样式等;

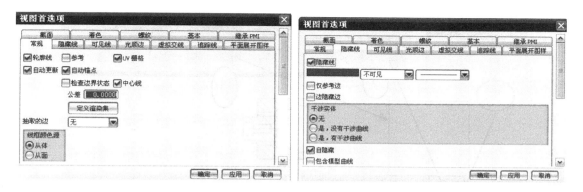

图 8.31　常规选项　　　　　　　　　　图 8.32　隐藏线选项

③可见线选项(图8.33)可以设置可见线的线型、线宽、颜色等;

④光顺边选项(图8.34)可以设置光顺边的线型、线宽、光顺边端点到轮廓线的缝隙大小以及是否显示光顺边(不激活)等;

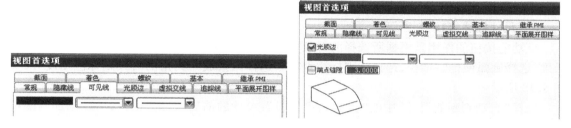

图 8.33　可见线选项　　　　　　　　　　图 8.34　光顺边选项

⑤螺纹选项(图8.35)主要用来设置螺纹的标准类型、最小螺距参数、螺纹的显示颜色等;

⑥着色选项(图8.36)可以设置渲染样式、着色切割面、替代可见线框、替代隐藏线框的颜色及着色公差等。

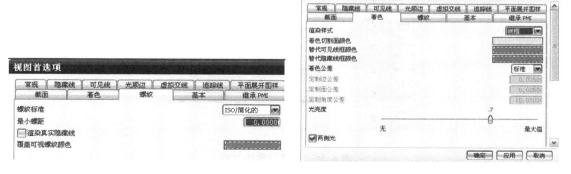

图 8.35　螺纹选项　　　　　　　　　　图 8.36　着色选项

5."剖视图" 剖视图(S)

选择"图纸"工具条中的剖视图按钮 剖视图(S),弹出剖视图对话框,在绘图区中选择已经投影的视图,然后弹出下一级对话框,选择一个剖切基准点,然后用鼠标单击添加剖视图位置和方向,自动生成剖视图结果,如图8.37所示。

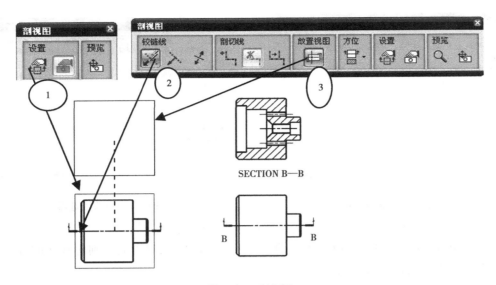

图 8.37　剖视图

6."尺寸标注,自动判断"

该功能按钮的作用是根据所选择的对象类型进行相应的尺寸标注。比如选择直线便标注长度,选择圆弧便标注半径,选择圆则标注直径。选择两条成一夹角的直线则标注角度等,如图 8.38 所示。

选择"自动判断的尺寸"中的"文本",可以设置尺寸的前后缀标注格式,可以添加制图符号、形位公差符号、用户定义符号及进行样式、关系设置等,如图 8.39 所示。

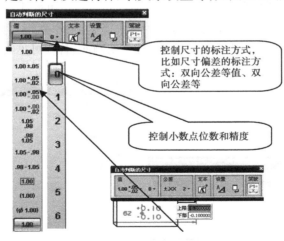

图 8.38　自动判断的尺寸

单击"自动判断的尺寸"中的"设置"—"尺寸样式"按钮 ,可以设置尺寸、文字、直线箭头、单位、径向、层叠、坐标等内容。可以对标注的文字大小、箭头形式、单位精度、标注形式等进行选择和设置,如图 8.40—图 8.45 所示。

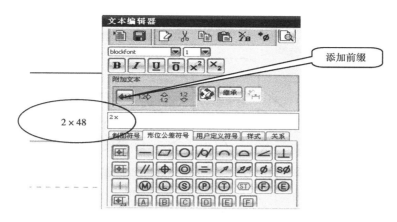

图 8.39　文本选项

图 8.40　文字样式

图 8.41　尺寸样式

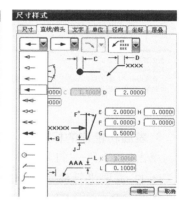

图 8.42　直线/箭头样式

图 8.43　单位样式

图 8.44　层叠样式

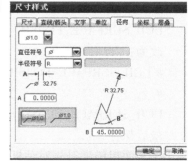

图 8.45　径向样式

7. "注释"功能 注释(N)…

该功能可以标注零件图的技术要求和尺寸标注以外的标注内容及文字性说明,在"注释"选项中也可以选择设置"样式"设置文字和层叠样式。在填写技术要求过程中,如果无法显示中文字体的注释,则必须将"注释"选项中的样式设置为"中文"模式:单击"样式",设置文字样式为 chinesef 或者 chineset,就可以输入中文字符了,如图 8.46 所示。

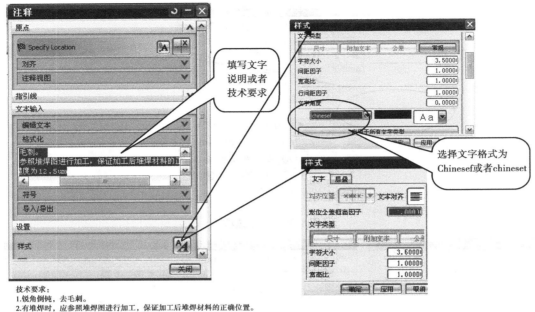

技术要求：
1.锐角倒钝，去毛刺。
2.有堆焊时，应参照堆焊图进行加工，保证加工后堆焊材料的正确位置。
3.其余表面粗糙度为12.5μm。

图8.46　注释

8.表面粗糙度的标注

单击"插入"—"符号"—"表面粗糙度符号"。在第一次使用 UG 时，由于表面粗糙度功能是关闭的，需要进行设置才能出现"表面粗糙度符号"功能，设置方法如下：

查找：\Program Files\UGS\NX 6.0\UGII\ugii_env.dat 文件

用记事本打开，将

| # UGII_SURFACE_FINISH | If set to ON, make Surface Finish Symbols available |
| # | on Drafting- > Insert pulldown. |

UGII_SURFACE_FINISH = OFF

改为：

| # UGII_SURFACE_FINISH | If set to ON, make Surface Finish Symbols available |
| # | on Drafting- > Insert pulldown. |

UGII_SURFACE_FINISH = ON

最后保存。

在表面粗糙度符号对话框中，可以设置表面粗糙度符号类型、圆括号有无及位置、Ra 的单位类型、微米及粗糙度等级、符号文本大小（毫米）、符号方位、指引线类型等选项，如图8.47所示。

9.形位公差标注——"特征控制框"

单击"插入"—"特征控制框"，在对齐下拉选项中选择"自动对齐"的类型及对齐方式，在"帧"—"特性"下拉列表中选择所需要的形位公差类型，在"框样式"中选择单框或者复合框，在"公差"中选择公差模式 Φ 及 $S\Phi$，填写公差数值，在"指引线"—"类型"下拉列表中选择指引线类型，在"样式"—"箭头"下选择"箭头类型"，在"短划线侧"选择位置，在"短划线长度"

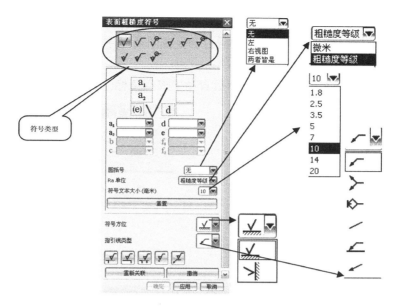

图 8.47　表面粗糙度

中输入线的长度,在"主基准参考"下选择基准符号,也可以设置第二基准和第三基准符号,然后选择需要标注的尺寸及轮廓线位置,就可以完成形位公差的标注,如图 8.48 所示。

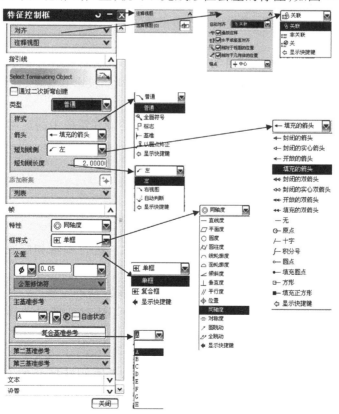

图 8.48　形位公差标注

10. "圆角标注"

选择 按钮,选择要标注的圆角线,然后自动生成圆角标注,如图 8.49 所示。

11. "倒角标注"

选择 按钮,选择要标注的倒角线,然后自动生成倒角标注,如图 8.50 所示。

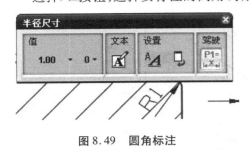

图 8.49　圆角标注

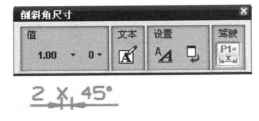

图 8.50　倒角标注

学习方法

(1)重点掌握制图模块的基本视图功能及剖视图功能,注意标注功能,如形位公差及表面粗糙度的标注及设置方法,仔细观察教师的讲解、演示,做好课堂笔记;然后在上机操作过程中,以教材和多媒体视频为参照,完成项目任务的练习,应把任务练习 2 遍以上,以达到巩固的目的。

(2)学习过程中,要认真体会项目实例,把视图投影和标注操作中的各个功能指令充分用熟,除了书上和教师所讲方法外,运用自己的思路进行视图投影和标注,达到异曲同工、殊途同归的效果,培养自己的创造力和应用知识的能力。

(3)注重特征控制框、表面粗糙度符号、剖视图等功能在建模中的运用。

知识扩展

1.图纸格式转换

有时需要将 UG 生成的工程图转换到其他 CAD 软件进行编辑和修改,将 UG—工程图无缝转换成 DXF/DWG 格式文件的具体步骤如下:

(1)打开要转换的零部件,进入"制图"模块,选择要转换的工程图。

(2)单击"文件"—"导出"—CGM,在出现的导出 CGM 对话框中选择图纸并指定文件路径及名称,再单击"确定",如图 8.51 所示。

(3)"新建"一个文件,类型为"模型"。

(4)在新文件中单击"文件"—"导入"—CGM,选择刚刚转换好的 CGM 文件,单击"确定",单击"文件"—"保存"。

(5)选择"文件"—"导出"—DXF/DWG,如图 8.52 所示,在对话框中"导出自"选项选择"显示部件",在"导出至"中选择 DWG(或者 DXF),指定目录及零件名称,单击"确定"。

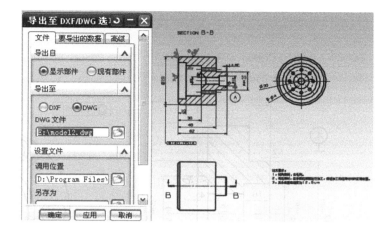

图 8.51　导出 CGM　　　　　　　图 8.52　导出 DXF/DWG

（6）将生成的 DWG 文件用 AUTOCAD 或其他二维 CAD 软件打开,就可以进行编辑修改,如图 8.53 所示。

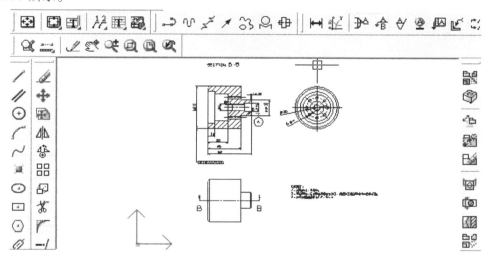

图 8.53　在 CAD 中打开 DXF/DWG 文件

习　　题

根据前面所学的建模功能指令将图 8.54 所示零件图用 UG 绘制成三维实体模型,然后利用制图功能投影视图并标注尺寸及确定形位公差。

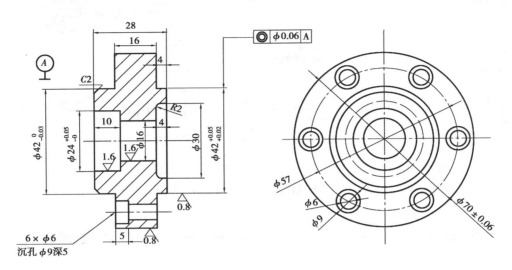

图 8.54

项目成绩鉴定办法及评分标准

序　号	项目内容	评分标准	评分等级分类	配　分
1	课堂表现	学习资料(教材、笔记本、笔)准备情况	A　B　C　D 四级	20
		课堂笔记记录情况	A　B　C　D 四级	
		课堂活动参与情况	A　B　C　D 四级	
		课堂提问回答情况	A　B　C　D 四级	
		纪律(有无玩游戏等违纪情况)	好　合格　差	
2	课堂作业	任务的练习完成情况	A　B　C　D 四级	55
3	习题	习题完成情况	A　B　C　D 四级	25

本项目学习信息反馈表

序　号	项目内容	评价结果
1	课题内容	偏多_____　　　合适_____　　　不够_____
2	时间分布	讲课时间(多_____合适_____不够_____) 作业练习时间(多_____合适_____不够_____)
3	难易程度	高_____　中_____　低_____
4	教学方法	继续使用此法_____　增加教学手段_____ 形象性(好_____合适_____欠佳_____)
5	讲课速度	快_____合适_____　太慢_____
6	课件质量	清晰_____模糊_____混乱_____字迹偏_____大_____小
7	课题实例数量	多_____合适_____不够_____
8	其他建议	

参考文献

[1] 於星，黄益华. UG NX 6.0 CAD 情境教程[M]. 大连:大连理工大学出版社,2010.

[2] 关振宇，朱凯. UG NX4 中文版机械设计实战训练[M]. 北京:人民邮电出版社,2007.

[3] 梵坤科技. UG NX6 中文版工业辅助设计从入门到精通[M]. 北京:北京科海电子出版社,2007.

[4] 李锦标. UG NX 高级造型技术实例精讲[M]. 北京:机械工业出版社,2007.

[5] 赵勇. 模具 CAD/CAM（UGNX4.0 综合应用）[M]. 武汉:华中科技大学出版社,2008.

[6] 荣建刚，荣立峰，赵秉龙，等. UG NX 6.0 中文版入门与提高[M]. 北京:清华大学出版社,2011.

[7] 申爱民. 工业设计案例全书——UG NX-6.0 机械设计.实战篇[M]. 北京:中国铁道出版社,2010.

[8] 谢龙汉. UG NX 中文版曲面造型基础教程[M]. 北京:人民邮电出版社,2006.

[9] 单岩. UG 三维造型应用实例[M]. 北京:清华大学出版社,2005.

[10] 何华妹，杜智敏，陈永涛. UG NX3 产品模具设计入门一点通[M]. 北京:清华大学出版社,2005.